엄마의 행복한
감정공부

완벽한 엄마보다 행복한 엄마가 되라!

엄마의 행복한 감정공부

초 판 1쇄   2018년 06월 11일

지은이 한선희
펴낸이 류종렬

펴낸곳 미다스북스
총 괄 명상완
책임편집 이다경

등록 2001년 3월 21일 제2001-000040호
주소 서울시 마포구 양화로 133 서교타워 711호
전화 02) 322-7802~3
팩스 02) 6007-1845
블로그 http://blog.naver.com/midasbooks
전자주소 midasbooks@hanmail.net

ⓒ 한선희, 미다스북스 2018, *Printed in Korea*.

ISBN 978-89-6637-572-1 13590

값 15,000원

「이 도서의 국립중앙도서관 출판예정도서목록(CIP)은 서지정보유통지원시스템 홈페이지(http://seoji.nl.go.kr)와 국가자료공동목록시스템(http://www.nl.go.kr/kolisnet)에서 이용하실 수 있습니다.(CIP제어번호: CIP2018016751)」

※파본은 본사나 구입하신 서점에서 교환해 드립니다.
※이 책에 실린 모든 콘텐츠는 미다스북스가 저작권자와의 계약에 따라 발행한 것이므로 인용하시거나 참고하실 경우 반드시 본사의 허락을 받으셔야 합니다.

미다스북스는 다음세대에게 필요한 지혜와 교양을 생각합니다.

엄마의 행복한 감정공부

emotion · communication · trust

한선희 지음

미다스북스

완벽한 엄마가 아니라 행복한 엄마가 되라

완벽한 엄마가 되려는 욕심이 문제를 만든다

아이를 키우면서 많은 엄마들이 '육아 불안'에 직면한다. 아이의 미래는 엄마 하기 나름이라고 한마디씩 거드는 통에 모든 것을 완벽하게 해내야 한다는 압박에서 자유롭기가 쉽지 않기 때문이다. 성과 지향적이고 경쟁적 구도의 자녀 양육 문화를 형성하게 하는 원인으로도 작용하고 있다. 이러한 심리적 압박으로 인해 행복하고 기쁘게 임해야 할 육아는 먼 나라 이야기가 되었다.

아이의 성공이 엄마의 성공이 되고, 엄마를 평가하는 잣대가 되었다. 사회가 만들어 준 허상인 '완벽한 엄마'의 왜곡된 이미지를 달성하기 위해 우리 엄마들은 오늘도 고군분투하고 있다. 이것은 사회가 또는 각자가 만들어 낸 허상이고 지극히 환상적인 허상 놀음에 불과하다. 그로 인해 결과적으로 엄마와 아이 모두 정신적으로 피폐해지고 행복에서 멀어지게 된다.

아이들에게 생기는 문제의 원인을 거슬러 올라가면 엄마의 감정에 대한 문제가 고구마 줄기처럼 끌려 올라온다. 아이가 다쳤다는 전화라도 받으면 미친 여자처럼 달려나가는 존재가 엄마다. 아이가 밥을 먹지 않으면 한 숟가락이라도 먹여보려 동동거리는 게 엄마이다. 아이가 감정적, 심리적 상처를 받지 않을까 노심초사하는 사람 또한 엄마이다. 엄마의 이러한 노력에도 불구하고 원하지 않는 결과와 만날 때가 많다.

살짝 힘을 빼고 행복에 초점을 맞춰라

이럴 때 필요한 것은 '살짝 힘을 빼는 일'이다. 노력에는 기대가 반드시 따른다. 내가 이만큼 했으니 거기에 상응하는 대가가 올 것이라고 믿는다. 하지만 아이를 키운다는 것이 어디 기대대로 결과물이 나오는 일인가? 엄마의 노력에도 불구하고 원하지 않는 결과와 만날 때가 많다. 밥숟가락을 들고 아이를 졸졸 따라다니면 오히려 부담감과 스트레스로 음식에 대한 거부감만 키우게 되는 이치와 같다.

엄마의 정제된 무관심인 '살짝 힘을 빼는 일'이 절실하다. 이러한 태도는 엄마라면 누구나 갖고 싶은 양육의 방향이다. 하지만 생각처럼 간단한 일이 아니다. 다른 것에서는 이성적이고 합리적인 엄마도 아이의 문제 앞에서는 한없이 무너져 내린다. 머리로는 계획을 세우고, 계산도 되는데 현실에 적용하게 되면 감정이 앞선다. 이럴 때 엄마는 상실의 고통과 만나게 된다. '완벽한 엄마', '행복한 육아'에서 멀어지는 자신을 보면서 부정적이고 불안정한 감정에 빠지는 것이다.

호주의 모든 국민을 하나가 되게 하고 승리의 기쁨을 안긴 육상선수 캐시는 감정을 지배하면 경주를 이긴다고 말했다. 경기출발선에서 너무 의욕적으로 나서면 경주 중간에 기력이 완전히 떨어져 결승점에서 자꾸 멀어진다고 했다. 최고의 기량을 발휘하려면 적절한 수위를 조절할 줄 알아야 한다는 것이다. 아이를 키우는 일도 이와 마찬가지이다. 자녀 양육은 1, 2년 안에 결과를 내는 단거리 경주가 아니라 20년, 30년 삶 속에서 달려야 하는 장거리 마라톤 경기이다.

행복한 엄마가 아이도 행복하게 만든다

아이가 아니라 나 자신을 통제하기 위해 당장 무엇을 해야 하는지를 생각하자. 엄마가 관심의 방향을 자신에게 돌리면 놀라운 변화가 시작된다. 엄마가 관심을 자신에게 돌린다는 것은 아이뿐만 아니라 자신을 돌보고 사랑하겠다는 의지의 표현이다. 그 순간 마음이 안정되면서 행복한 감정들이 스멀스멀 올라오는 것을 느낄 것이다. 행복을 결정하는 강력한 요인은 외부의 환경이 아니라 자신의 내면적 요인과 가족을 비롯한 자신의 둘러싼 사람들과의 관계다. 진정한 행복은 스스로의 자각과 자신의 내면에서 솟아나는 감정이다.

아이에게 무조건 이끌려 가지 말고 엄마의 역할을 재정의하자. 아이에 대한 사랑의 온도가 과도하게 올라가면 온도를 낮추자. 아이도 엄마도 데지 않기 위해서이다. 여기에는 완벽한 엄마가 되겠다는 마음을 비우고 나의 부족함을 용서하는 것도 포함된다. 아이가 먼저가 아니라 엄마가 먼저인 것이다. 엄마가 건강해야 아이도 건강하게 키울 수 있고, 엄마가 행복해야 아이도 행복하게 자랄 수 있기 때문이다.

2018년 6월 광교 센트럴타운에서

한선희

1장 세상에 완벽한 엄마는 없다

 엄마의 감정공부 이야기

emotion · communication · trust

1장

세상에 완벽한 엄마는 없다

1. 완벽하게 좋은 엄마를 꿈꾸는 엄마

"길을 아는 것과 그 길을 걷는 것은 분명히 다르다."

– 모피어스 역, 영화 〈매트릭스〉

누구나 좋은 엄마가 되고 싶다

"엄마 노릇, 참 힘들죠?"

이렇게 물으면 대답이 어떨까?

"아니요!"

"할 만합니다."

"식은 죽 먹기입니다."

이런 대답을 하는 엄마를 나는 여태껏 만나본 적이 없다. 대부분 하나 같이 불안감을 하소연한다.

"힘들어 죽겠어요."

"잘하고 있는 건지 불안합니다."

"한다고 하는데 뜻대로 되지 않아 답답합니다."

그만큼 좋은 엄마가 된다는 것, 엄마 노릇을 제대로 한다는 것은 만만한 여정이 아니다. 나는 임신 기간 내내 아무것도 먹을 수가 없었다. 간신히 먹은 것도 토해내는 일이 다반사였다. 시도 때도 없이 터지는 구토와 함께 몰려오는 극심한 두통에 시달려야 했다. 말로 표현할 수 없을 정도로 힘든 입덧을 거치고 한 생명의 탄생을 이루어냈다.

낯설고 힘든 임신과 출산의 과정을 거치고 나면 잠시 안도를 느낀다. 그러나 곧 펼쳐지는 행보들로 인해 안도 대신 역설과 마주한다. 내 아이에게 세상 누구보다 넘치는 사랑을 주고 잘 키우고 싶다. 엄마가 아이를 낳고 나서 좋은 엄마가 되고 싶다고 생각하는 것은 원초적인 본능이다. 엄마에게 아이는 출산의 고통을 함께 나눈 동지이고 뱃속에 10개월을 품고 있었던 내 피 같고 살 같은 존재이기 때문에 더하다.

눈도 제대로 뜨지 못하고 목도 가누지 못하는 3.2kg의 아기. 너무도 작고 여린 아기를 놓고 어떻게 해야 할지 몰라 허둥대고 당황했다. 출산 전 육아에 대해 공부했던 내용은 자지러지게 울어대는 아기 앞에서는 무용지물이었다. 머릿속이 하얘지면서 못난 엄마가 너무도 미안해

 엄마의 행복한 감정공부 완벽한 엄마보다 행복한 엄마가 되라

눈물이 줄줄 흘렀다. 그러한 과정을 거치면 미안한 마음에 엄마 노릇을
더 잘하고 싶은 생각뿐이다.

이유식도 정성껏 만들어 최고로 먹이고 싶고, 다른 아기들보다 말도
빨리할 수 있게 해주고 싶다. 옆집 아이는 벌써 걷는다는데, 한글을 떼
었다는데, 영어 유치원에 보낸다던데. 갖가지 비교를 하면서 불안해 한
다. 다른 엄마들의 엄마 노릇과 끝없이 비교하고 자책한다. 엄마라는
자리에서는 다른 이들의 기준이나 의견에 흔들림 없이 자기만의 속도
로 나간다는 것이 생각처럼 쉽지 않다.

"그 집 애는 무얼 먹어서 그렇게 키가 그렇게 잘 커요?"
키가 작은 아이의 엄마는 남의 집 아이만 쑥쑥 잘 자라는 것 같다.

"어쩜 그리 그 집 아이는 똑똑해요?"
윗집 아이는 우리 아이보다 걸음마도 빠르고 말도 빠른 걸 보니 머리
도 좋은 것 같다. 엄마들에게는 남의 떡이 커 보이는 상황이 예사로 벌
어진다. 내 아이를 최고로 키우겠다는 욕심, 좋은 엄마가 되어야 한다
는 조바심이 판단력을 흐린다. 경쟁 심리에 사로잡힌다. 그로 인해 무
리한 의사 결정을 하는 경우가 생기고, 자책에 빠지게 된다.
'내가 태교를 잘못했나?'
'엄마 사랑이 부족한 건가?'

‘환경에 무슨 문제가 있나?’

‘우리는 왜 이렇게 능력이 부족하지?’

이런 부정적인 생각에 빠져 들게 되면 엄마 노릇이 정말 힘들어진다.

이 세상에 완벽한 엄마는 존재하지 않는다. 아기가 손가락 10개, 발가락 10개이길 얼마나 바랐는가. 하지만 건강하게 태어나기만을 간절하게 바랐던 순간들을 망각한다. 정작 엄마가 되면 소망을 넘어 욕심이 앞선다. 엄마가 아이 주변을 쉼 없이 맴돈다고 아이가 잘 크는 것도 아닌데 말이다.

좋은 엄마가 되는 가장 손쉬운 방법은 게으름이다

중학교에 입학하는 진수는 어느새 사춘기에 접어들었다. 그래서인지 공부하는 것도 힘들고 꾀가 난다. 친구들도 마음에 들지 않는다. 선생님은 자신만 미워하는 것 같다. 어딜 가도, 무얼 해도 재미가 없고, 흥도 나지 않는다. 아무도 없는 곳으로 가서 조용히 지내고 싶다.

부모님은 평소 진수에게 일방적으로 명령하는 투로 이야기하곤 했다. 아이는 생활에서 많은 행동을 통제받아야 했다. 초등학교 시절에는 부모의 위엄과 권위에 눌려 순종했다. 그러나 사춘기를 맞으면서 부모에 대한 반감이 반항으로 표출되기 시작했다.

아무런 연락도 없이 집에 늦게 들어오는 날이 점점 늘었다. 엄마가 걱

엄마로 산다는 것이 힘겨운 날엔 게으름을 피우자.
'실패해도 좋은 게 아니라 실패해야만 한다.'는
생각으로 마음의 여유를 찾자.
실패를 통해 그로부터 어떤 것을 개선해야 하는지 알게 된다.

정이 되어 전화를 해도, 문자를 보내도 대답이 없었다. 그날도 연락도 없이 늦었다.

"아니, 뭘 하다 이제 와! 왜 이렇게 늦었어?"
"어쩌라고, 내 맘이야!"
엄마의 꾸중에 짜증스럽게 대답하고선 방문을 꽝 닫고 자기 방으로 들어가버렸다. 그 모습을 보던 엄마는 화가 나서 견딜 수가 없었다. 아이의 방문을 벌컥 열고 들어가서는 아이에게 험한 욕을 하고 손찌검을 하는 사태가 벌어졌다. 그 일로 아이는 점점 더 엇나갔다.

"엄마는 내가 생각도 없고, 무뇌아나 되는 줄 알아요?"
"엄마가 정말 싫어요!"
애지중지 키운 아이 입에서 나오는 엄마에 대한 말이다. 이런 진수의 말과 행동 때문에 고통 받는 과정에서 엄마는 자신이 무엇을 잘못했는지 돌아보게 되었다. 대화 방식이 잘못되었다는 것을 수긍하고 아이가 어떤 이야기를 할 때 좋아하는지부터 생각했다. 일방적으로 지적하고 명령하지 않았다. 진수는 스스로 결정하는 것을 더 좋아하고, 그럴 수 있을 때 에너지가 넘친다는 것을 알게 되었다.

엄마라는 이름으로 아이를 자기 입맛에 맞게, 마음에 맞게 움직이려 한다. 아이를 위해서라는 명분을 내세워서 말이다. 가볍게 던지는 말에도 아이들은 상처를 받거나 모멸감을 느낀다. 엄마의 욕심으로 간섭하고 명령하고 통제해서 아이의 자율성을 지나치게 침해하면 엄마 노릇은 점점 힘들어진다. 반대로 자율성을 존중하면 아이 스스로, 자연스럽게 문제 해결에 필요한 기본적인 능력을 기르게 된다. 스스로 생각하고 해결하는 과정에서 소위 말하는 사고력도 발달한다.

시련은 가장 정직한 스승이라고 했다. 후일에는 실패의 경험들이 아이를 성장시키는 멘토가 된다. 아이들은 어른이 생각하는 것보다 회복 탄력성이 크다. 좋은 엄마가 되고자 하는 열망과 열정을 다 보여주려 하지 말자. 엄마의 열정이 너무 부각되면 아이 노릇도 엄마 노릇도 너무 힘들다. 나름 자식 농사를 잘 짓기 위해 애를 썼지만 이렇다 할 성과가 없는 상황에서 가장 손쉬운 방법은 '엄마의 게으름'이다. 엄마로 산다는 것이 힘겨운 날엔 게으름을 피우자. '실패해도 좋은 게 아니라 실패해야만 한다.'는 생각으로 마음의 여유를 찾자. 실패를 통해 그로부터 어떤 것을 개선해야 하는지 알게 된다.

아이의 미래를 언제까지 마음대로 판단할 것인가?

언젠가 모 일간지에서 차마 웃지 못할 기사를 읽은 적이 있다. 대학교에 입학하면 성인임에도 그 학생의 엄마가 새 학기 수강신청을 직접 와서 하는 경우가 있다고 한다. 더 심한 경우는 중간고사, 기말고사가 끝나면 어머니가 직접 교수에게 전화를 걸어온다고 한다. 학점에 대해 항의하거나 점수를 올려 달라고 하소연하기 위해서이다.

더 어처구니없는 것은 이러한 일들이 신입생인 1학년에서만 벌어지는 게 아니라 대학 졸업반에서도 목격된다는 것이다. 4학년 마지막 학기에는 대부분 취업 준비를 하게 되는데, 학부모가 교수실에 직접 전화를 걸어 구체적으로 어떤 자격증을 준비해야 하는지 문의를 한다는 것이다. 이러한 현상으로 '헬리콥터 맘'이나 '캥거루족' 같은 신조어가 만들어지기도 했다.

엄마가 믿고 싶은 대로 아이의 미래를 판단하고 재단한다. 엄마의 대응책이나 기대에 부응하지 않으면 아이에게 문제가 있다고 생각한다. 엄마의 관점, 믿음에 문제가 있다는 사실을 인식하지 못한다. 아이의 미래를 어떻게 바꿀 것인가가 아니라, 엄마가 갖고 있는 인식의 변화가 핵심이기 때문이다.

2. 돌아보니 남은 게 없다는 엄마

"이성이 인간을 만들어낸다고 하면 감정은 인간을 이끌어간다."

– 장 자크 루소

아이들은 무법자, 뒤를 쫓는 엄마는 지쳐만 간다

'돌아보니 남은 게 없다'는 느낌처럼 삶을 허무하고 절망스럽게 하는 것은 없다. '먹이를 물어서 쉼 없이 둥지로 나르는 어미 새'처럼 최선을 다했는데, 지나고 보니 남은 게 없다. 그러한 생각에 사로잡히면 대안이나 해결책이 제대로 보이지 않는다.

'어떻게 하면 행복한 엄마의 길을 갈 수 있을까?'

'가보지 않은 길이 계속 펼쳐질 텐데 그 두려움을 어찌 대처해야 할까?'

아이를 키우다 보면 집안이 난장판이 되는 것은 순식간이다. 집안을 정갈하게 정돈하고 생활하기는 포기해야 속이 편하다. 엄마가 너무 깔끔하면 아이들이 스트레스를 받고 창의력과 상상력이 떨어진다고 하는 이론도 있다. 하지만 나는 집안이 어질러진 걸 참지 못하는 성격이다. 따라다니며 치웠다. 창의성도 좋고 상상력도 좋지만, 난장판인 집안을 보고 있자면 심란해서 견딜 수가 없었다.

아들은 수납장 서랍을 열어서 그 속에 있는 물건들을 다 꺼내놓고 서랍 속에 들어가 있고는 했다. 물감을 거실 바닥에 잔뜩 풀어놓고 바닥과 몸에 묻히며 놀았다. 아이들은 한 가지 놀이에 금방 흥미를 잃고 금방 다른 놀이로 옮겨 다닌다. 물감 놀이를 하다 블록 놀이를 한다. 블록 놀이를 하다가 비누 거품을 가지고 놀고, 다시 블록 놀이로 돌아온다.

그런 아들이 몇 달 정도 어린이집을 다니다가 불쑥 말했다.
"엄마! 어린이집 가기 싫어요!"
"어린이집에 가기 싫다고? 무슨 이유라도 있니?"
"실수하면 깜깜한 방에 혼자 들어가서 눈 감고 손 들고 있어야 해요."
"실수하면 깜깜한 방에 들어간다고? 음, 깜깜한 방에서 눈 감고 있는 게 싫구나!"
"응, 너무 무서워요!"

  완벽한 엄마보다 행복한 엄마가 되라

네 살의 어린아이가 혼자 깜깜한 방에 있다니, 당연히 겁이 나는 일이다. 눈을 감고 손까지 들고 있었다고 했다. 나는 그 말에 놀랐고 마음이 아팠다. 그 다음 날부터 어린이집에 아이를 보내지 않았다. 그러다 보니 아이는 내가 하루 종일 돌봐야 했다. 그날도 아들은 집이 호기심을 채울 미지의 세계라도 되는 듯, 놀이터 삼아 집안 구석구석을 누비고 다녔다. 그런데 혼자가 아니었다. 옆집의 한 살 많은 누나와 형이 놀러 왔다. 친구들이 놀러오면 집안은 상상을 초월하는 전쟁터로 변한다.

싱크대의 프라이팬은 모두 밖으로 나와 있고, 냄비와 주전자들도 뚜껑을 잃은 채 거실에 벌렁벌렁 누워 있다. 거기서 끝이면 천만다행이다. 그러다 지루해진 아이들은 화장실에 가서 냄비나 주전자에 물을 담아 온다. 그 물들을 거실에 쏟아놓고 신나게 논다. 미끄러져 다치거나 아랫집에 피해라도 갈까봐 마른 수건을 손에 들고 아이들 뒤를 졸졸 따라 다녔다.

자존감이 떨어지면 스스로를 대하는 감정의 온도도 차가워진다

식사와 간식을 만들어 먹이고, 씻기고, 집안일 하고……. 하루가 정신없이 지나갔다. 중노동도 그런 중노동이 없었다. 불가능한 일도 가능하도록 만드는 게 엄마의 힘이라지만 심신이 점점 지쳐갔다. 부정적인 생각을 하는 시간이 점점 늘어갔다.

'내가 좋은 엄마의 자격이 있기는 한 건가?'

육아는 요동치는 감정과 날마다 대면해야 하는 고강도의 감정 노동이다.

그러한 감정에서 헤어나려면 먼저 내 감정을

나 자신이 알아채는 것이 중요하다.

‘뭘 하며 하루를 다 보냈지? 이렇게 살아도 되는 건가?’

‘아이들 뒤만 졸졸 따라다니다 하루가 다 갔네.’

‘내가 아이들을 하루 종일 돌보고 있는 게 잘하고 있는 건가?’

‘혹시 고생은 고생대로 하고 남는 게 없는 건 아닌가?’

아이들에게 화를 내는 상황이 자꾸 벌어졌다. 남편에게까지 짜증이 솟구치는 건 당연했다. 분풀이라도 하는 느낌이었다. 물론 남편 입장에서는 나름대로 도와주려고 애썼지만 내가 원하는 바와 달랐다. 그런데 화를 내고 짜증을 내고 나면 기분이 풀리는 것이 아니라 마음이 더욱 무겁고 우울했다. 그런데도 어쩔 수 없었다.

‘내가 좋은 엄마의 자격이 있기는 한 건가?’

어디선가부터 자책이 몰려왔다. 내면에서 솟아오르는 듯했다. 자신을 책망하기 시작하자 자존감이 떨어졌다. 자존감이 떨어지면서 내가 나를 대하는 감정의 온도가 차가워졌다. 설상가상이다. 행복한 육아는 점점 멀어져갔다.

스스로를 존중하지 않는 엄마의 육아는 아이의 마음을 다치게 하는 것은 물론 남편의 마음에도 상처를 준다. 자존감을 잃을수록 육아를 감당할 구심점이 약해지는 것이다. 또한 대항할 힘이 없는 어린아이가 엄마에게 당한 짜증과 분노는 아이의 무의식에 저장된다.

엄마의 감정을 먼저 알아차려야 제대로 육아할 수 있다

나는 대책을 강구하고 해결방안을 찾았다. 아이들을 재워놓고 남편에게 도움을 청했다. 요즘 나의 내면에서 일어나고 있는 '전쟁 같은 상황'에 대해서 얘기하고 의논했다. 차츰 나는 안정을 찾아갔다.

"그동안 많이 힘들었을 텐데 그 마음을 몰라줘서 정말 미안해!"

남편의 따스한 위로 한마디가 내 마음을 진정시켜주었다. 남편은 나에게 자신을 너무 학대하지 말라고 했다. 그리고는 나에게 부드럽지만 날카로운 질문을 던졌다. 나 스스로 생각하고 돌아볼 수 있는 기회를 주려고 한 모양이었다.

"집안이 전쟁터 같아도 괜찮아. 좀 불편할 뿐이지, 별로 문제가 되지 않아. 집을 깔끔하게 정리해도, 엄마인 당신의 마음이 전쟁터에 있을 때 아이와 나는 괴로워. 그게 무슨 의미가 있을까?"

맞다. 정확하게 맞는 말이다. 나 혼자 짜증내고, 나 혼자 힘들어하는 동안 남편과 아이들은 영문도 모른 채 엄마의 감정에 휘둘리고 있었던 것이다.

육아는 요동치는 감정과 날마다 대면해야 하는 고강도의 감정 노동이다. 그러한 감정에서 헤어나려면 먼저 내 감정을 나 자신이 알아채는

것이 중요하다. 그 다음 알아챈 감정을 주변에 설명해줘야 한다. 내가
왜 이러는지, 얼마나 힘든지 나만이 아니라 주변도 알아야 한다. 이미
자신의 몸과 마음이 지쳤는데 혼자서 해소해보겠다고 고집하면 결국은
자신을 학대하는 악순환이 일어난다.

좋은 부모, 참된 부모가 해야 할 가장 중요한 역할은 아이에게 정서
적으로 안정된 행복한 환경을 제공하는 것이다. 또한 화가 나는 원인이
아이에게 있다고 생각하기 쉽기 때문에 이 점도 유의해야 한다. 화의
원인을 외부로 돌리기 시작하면 '나는 잘못이 없는데 세상이 나를 힘들
게 한다'는 논리가 성립된다. 그렇게 되면 상황을 변화시키기가 어렵다.
물론 그렇다고 '모든 게 내 탓이다.'라고 자책하고 죄책감에 시달리라는
의미는 전혀 아니다.

엄마 인생의 주도권은 엄마에게 있다

이 말이 담고 있는 의미가 내게 크고 깊게 다가왔다. 내가 변하면 상
대도 변화하고, 내가 변해야 세상도 변화한다는 말과도 일맥상통한다.
변화의 주체가 내가 될 때 주변도 변화에 동참하게 되는 것이다.

결혼해서 살다 보면 나에 대한 주도권을 타인에게 넘기게 되는 일이
벌어진다. 내가 그랬다. 내 의견을 말할 줄 몰랐고, 내 마음이 어떤지
표현하지 않았다. 둘째를 낳고 얼마 지나지 않아 아버님이 돌아가셨다.

아기가 제대로 걷지도 못하던 때였다. 아기를 돌봐야 한다고 양해를 구하고서는 일을 덜 해도 되었을 것이다. 그러나 나는 아이를 들쳐 업고 조문 손님의 음식을 쉬지 않고 나르며 문상객들을 챙겼다.

그런 내 입장을 배려하거나 생각해주는 사람은 아무도 없었다. 그들이 나쁜 사람들이라서가 아니다. 그들은 내 마음속을 들여다볼 수 없다. 내 마음 상태를 모르는 것은 당연하다. 잘못은 내가 했다. 내가 가진 주도권을 무시한 것이다. 회사에서 주인의식을 가지라고 강조하는 말을 수없이 들었을 것이다. 기업이나 직장에만 주인 의식이 있는 것이 아니다. 최선을 다했는데 '돌아보니 남은 게 없다'고 절망하기 전에 '내가 나를 어려움에서 구할 의지', 다시 말해 '나에 대한 주인의식'이 있었는지 생각해보자.

인생의 지혜 한 줄

"자신의 우주만이 스스로 바꿀 수 있는 유일한 세계이다. … 가족끼리의 우주는 보다 밀접하게 연결되어 있기 때문에 하나의 우주가 바뀌기 시작하면 가족 전체의 우주가 바뀐다."

– 고이케 히로시, 『2억 빚을 진 내게 우주님이 가르쳐준 운이 풀리는 말버릇』

 엄마의 행복한 감정공부 완벽한 엄마보다 행복한 엄마가 되라

3. 늘 '괜찮다 괜찮다' 하는 엄마

상처를 치유하는 첫 걸음, 내면 살펴보기

"내 눈 앞에서 사라져버려!"

"엄마나 사라져! 누구 때문에 내가 이렇게 되었는데? 이게 다 엄마 때문이야!"

"어휴! 세상에 원수도 저런 원수가 없어!"

딸과 엄마가 서로 원수처럼 증오하고 으르렁거리는 소리다. 엄마의 친구가 와 있는데도 둘 다 일말의 부끄러움도 없어 보였다.

요즈음 이혼은 주변에서 쉽게 볼 수 있기 때문에 흉도 되지 않는다. 하지만 내 친구 J는 달랐다. 이혼을 인생의 실패로 받아들였다. 처음엔 헤어진 사실을 담담하게 받아들였다. 그러나 시간이 지날수록 자존심이 상했고 부끄러워지기 시작했다. 딸이 비뚤어지기 시작한 것이 자신이 참지 못하고 이혼을 했기 때문이라고 자책을 했었다.

친구는 나름대로 주변에서 인정받았고 스스로도 제법 괜찮은 사람이라고 여겼다. 그러나 J의 자존감은 이혼으로 인해 모래 위에 쌓은 성처럼 허물어졌다.

친구 J의 오빠는 3대 독자이다. 집안은 유교 사상이 뿌리 깊게 자리 잡은 보수적인 집안이었다. 3대 독자인 오빠를 어떻게 키웠겠는가? 불면 날아갈까, 건드리면 꺼질까. 온갖 정성을 들여 키웠다. 모든 것이 3대 독자 아들을 위해 존재했다. 아들이 울면 모든 가족이 슬퍼했고, 아들이 웃으면 그때서야 가족이 밥도 먹고 다리 뻗고 잠을 잘 수 있었다.

어느 날 오빠가 아파서 밥을 먹지 못하고 있었다. J는 배가 너무 고파 밥을 먹고 있었다. 아버지가 퇴근하려면 멀었다고 생각했다. 그런데 그날따라 아버지가 일찍 집으로 왔다. 3대 독자가 걱정이 되어 회사 일을 일찍 마치고 온 것이다. 아버지는 딸이 먹고 있던 밥그릇과 반찬을 모두 뒤엎었다. 욕을 퍼부으며 순식간에 집안을 난장판으로 만들어버렸다. J가 아무리 잘못했다고 빌어도, 분이 사그라들기 전까지 아버지의 폭력적인 말과 횡포는 멈추지 않았다.

　J는 그런 부당하고 폭력적인 상황에서 반항 한 번 하지 않았다. 순종하거나 순응해서가 아니었다. 무섭고 두려워서 도무지 거역하거나 저항할 엄두를 내지 못했다고 한다. 그리고 주변 사람들이 보내는 착한 아이라는 평가를 잃고 싶지 않았다고 한다. 자신의 감정이나 자존감 따위는 사치에 불과했던 것이다. 그 집에서 여자나 딸은 상처받아도 되는 존재, 아들에게 피해가 가면 가차 없이 언어적, 실제적 폭력을 행사해도 되는 존재에 불과했다.

　친구는 그러한 환경에서도 꿋꿋하게 자랐다. 학창 시절 공부도 잘하고 착한 일을 많이 해서 선행상도 여러 번 받았다. J는 자기 가정사에 대한 얘기를 잘 하지 않아서 정도가 심하다는 것을 아무도 몰랐다. 그냥 그 집은 3대 독자이다 니 부모님의 아들 사랑이 유별나다는 정도만 알고 있었다.

　그러던 J는 연애결혼을 했다. 세상 물정 모르는 순하디 순한 남자에게 끌려서 결혼까지 이르게 되었다. 하지만 초창기부터 결혼 생활은 순탄치 않았다. 남편은 결혼하자마자부터 무능력의 극치를 보여줬다. 가족에 대한 책임의식도, 부양에 대한 그 어떤 의지도 없었다. 모든 것을 J가 책임지고 이끌어가야 했다.

　우연의 일치일까, J의 남편은 외동아들로 귀하게 자랐다고 한다. 친

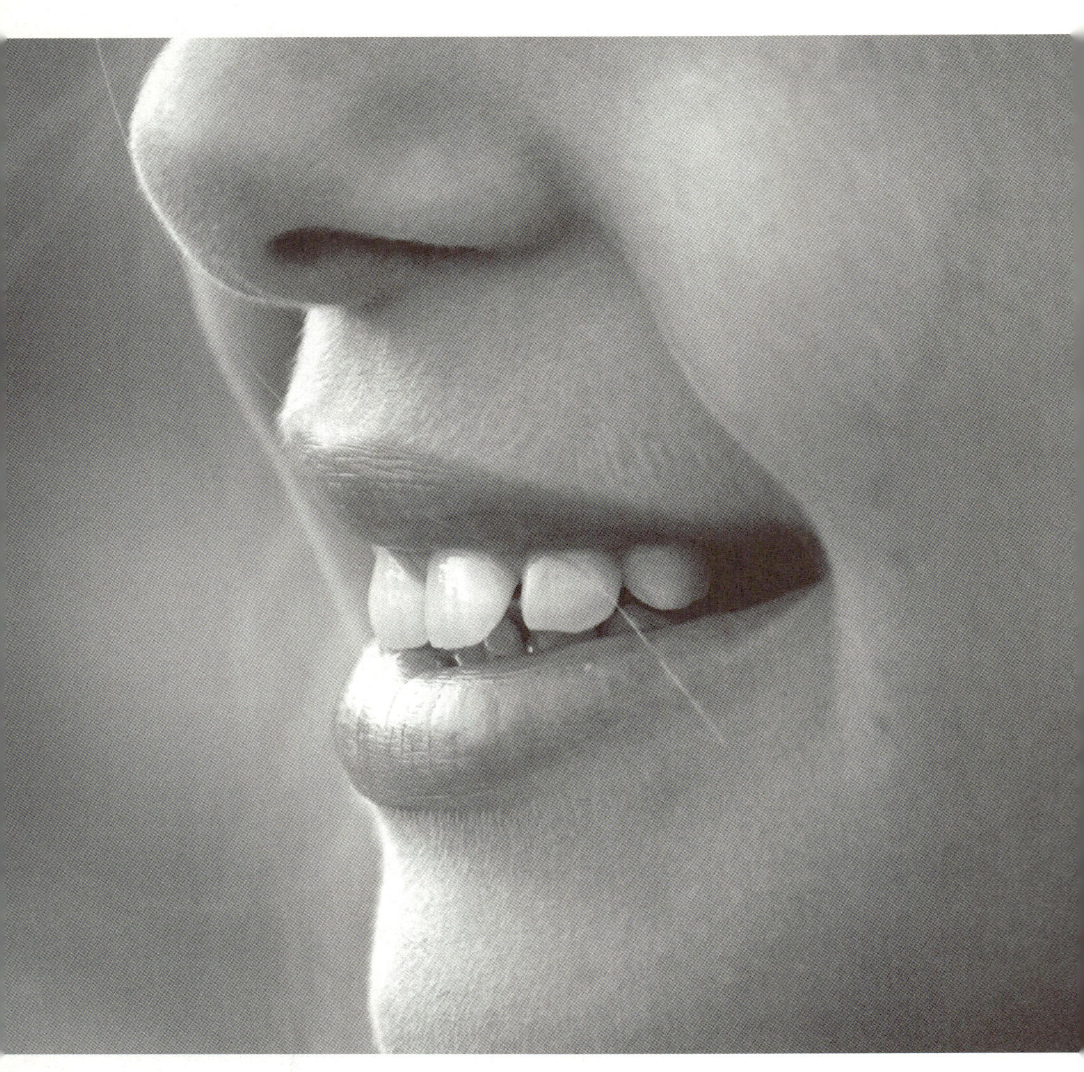

자신의 속마음을, 자신의 감정을 솔직하게 털어놓아보라고 했다.
그러한 시도만으로도 상처를 치유하는 첫걸음이 될 수 있기 때문이다.

구는 남편을 보면서 자신의 오빠가 오버랩되었다고 한다. 분노가 없는 것은 아니었지만 동정심이 일었다고 한다. 부모의 지나친 기대와 도에 넘치는 사랑으로 많이 힘들어 하고 무기력해 하던 오빠 모습이 떠올랐던 것이다. 자신의 팔자인가 보다 하고 기대를 접고 살아보려 했다고 한다.

감정을 드러내겠다는 의지만으로도 이미 반은 치유된다

그런데 무엇보다 친구를 속상하게 하는 일이 있었다. 자신이 낳은 딸이었다. 본인이 당한 것과 같은 멸시와 무시를 시댁에서 딸이 당하고 있었기 때문이다. 정도의 차이는 있었지만 존중받지 못하기는 마찬가지였다. 남편에게 하소연 해봤지만 피하기만 할 뿐 어떤 위로도 없었고, 문제를 해결할 의지도 보이지 않았다.

나는 J에게 해결이 되든 안 되든 시부모님에게 정중하면서도 부드럽게 항의를 해보라고 권했다. 별반 달라지는 게 없을 수도 있다. 하지만 그럼에도 불구하고 나는 자신의 속마음을, 자신의 감정을 솔직하게 털어놓아보라고 했다. 그러한 시도만으로도 상처를 치유하는 첫걸음이 될 수 있기 때문이다. 결과에 연연하지 않고 자신의 감정을 드러내겠다는 의지는 피폐해진 정신 건강에 매우 도움이 된다.

그러나 J는 시댁 어른들에게 한마디도 하지 않았다. 어린 시절과 마찬가지로 괜찮은 척, 아닌 척만 했다. 착한 며느리였지만 속은 썩어 문드러져만 갔다. 그 원망과 분노가 남편에게 향했다. 둘은 하루도 거르지 않고 싸웠다.

결국 두 사람은 이혼했다. J는 이혼을 감행한 뒤 초기에는 속 시원해했다. 그런데 시간이 갈수록 그녀의 생활은 엉망진창이 되어가기 시작했다.

"어디서 뭘 하고 오느라 늦게 들어와! 앞으로는 늦게 들어오면 내쫓아버릴 테니 명심해!"
"상관하지 마! 엄마가 뭔데 협박이야! 나가라면 못 나갈 줄 알아!"

딸이 사춘기를 맞아 반항하고 말썽을 피우면서부터 J는 삶의 기력을 잃어갔다. 엄마와 딸은 매일 전쟁 아닌 전쟁을 치르었기 때문이다. 매일 서로를 원망하고 미워하면서.

더 늦기 전에 나를 사랑하고 돌보자

그러던 어느 날 J가 내게 고백했다.
"나 지금 인생의 벼랑 끝에 서 있는 것 같은 절박한 마음이야."

그러면서 그녀는 이제라도 자신을 변화시키고 싶다고 했다. 그리곤 마음의 근력을 키우고 자존감을 회복하기 위해 노력했다. 자신을 사랑하는 법을 하나하나 실천하고 터득해갔다. 감정코칭을 받았고 운동을 시작했다. 자신을 위해 예쁜 옷을 사 입었다. 때로는 자신이 좋아하는 음식들로만 상을 차렸다. 자신을 아끼는 마음으로 일부러라도 맛있게 먹었음은 물론이다.

딸에게도 홧김에 나오는 심한 말들을 최대한 삼갔다. 대신 따뜻한 이해와 공감을 실은 말들로 마음을 표현했다.

"늦었구나! 저녁은 먹었니? 네가 늦어서 엄마가 걱정하느라 잠을 못 잤어."

"죄송해요. 늦지 않도록 해볼게요."

엄마의 변화에 속을 뒤집어놓던 딸도 서서히 변화하기 시작했다.

J는 부모님이 학대를 하든, 친구들의 부당하게 대하든, 상관없이 자신의 상처받은 감정을 애써 숨기고 억누르며 살아왔다. 이제는 남에게 착한 사람이 되려고 하지 않기로 작정했다. 남에게 착한 사람으로 살려고 하기보다는 자기 자신에게 착한 사람으로 살기로 했다.

타인에 대한 사랑이든 자기 자신에 대한 사랑이든 사랑을 한다는 것은 상처를 받아들이는 자리에 서는 것이다. 아닌 척, 괜찮은 척이 아니라 받아들이고, 들여다보고, 표현하고, 어루만져주어야 한다. 그때 비로소 자신을 물론 타인과도 진정한 사랑을 할 수 있게 된다.

J는 이제 누구보다 자기 자신과 열렬한 사랑에 빠져 있다. J가 행복해지는 만큼 그 행복은 주변까지 따뜻하게 밝힐 것이고, 사랑을 넘치게 할 것이다.

4년간의 암 투병 뒤에 새로운 인생을 찾게 된 작가이자 동기부여 강연가인 아니타 무르자니가 말한다. '진정한 행복이란 자신을 사랑함으로써 얻어진다.' 딱 J에게 부합하는 말이다. 아니 나에게도 보통 엄마들 모두에게도 해당하는 말이다. 삶의 목적이 없는 것 같고 길을 잃은 듯한 기분이 든다면, 그것은 바로 자신에 대한 감각을 잃었다는 뜻이다. 만약 당신이 지금 그렇다면 괜찮은 척 그만하고 지금 당장 자신을 사랑하고 돌보는 일이 가장 중요하다.

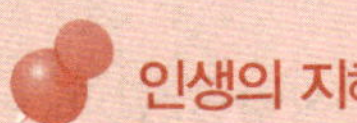

인생의 지혜 한 줄

"죽었다 살아났을 때, 나는 즐길 수 없거나 나에게 옳은 일이 아닌 건 절대 하지 않겠다고 결심했다."

– 아니타 무르자니,

『나로 살아가는 기쁨–진짜 삶을 방해하는 열 가지 거짓 신념에서 깨어나기』

 엄마의 행복한 감정공부 완벽한 엄마보다 행복한 엄마가 되라

4. 나 혼자만 힘들고 부족하다는 엄마

아인슈타인 엄마도, 에디슨 엄마도 힘들었다

단호하지만 사랑을 놓치지 않는 엄마, 소신 있지만 지혜로운 엄마는 모든 엄마들의 로망이다.

"언니, 애가 말을 너무 안 들어. 이렇게 하라면 저렇게 하고 이리 오라면 저리가고!"

후배는 오늘도 전화통을 붙들고 하소연이 늘어진다.

"하라는 공부도 안 하고, 숙제도 안 하면서 친구랑 놀고 온다고 고집을 피우질 않나. 책 좀 읽으라고 하면 알았다고 대답만 하고 뺀질거려. 요즘 애들 다 그런가? 우리 아이만 유별난 거야? 양치하고 손 씻으라고 하면 변명을 열 마디는 한다니까?"

한숨 쉬면서 이어진 하소연 끝에 내게 묻는다.
"언니 아이들은 말 잘 듣지?"

천만의 말씀, 만만의 콩떡이다. 우리 아이도 내 맘대로 안 되기는 마찬가지다. 가지고 놀던 장난감 좀 정리하라고 말하면 딴청을 피운다. 그러다 그대로 둔 채로 다른 놀이로 옮겨 간다. 집안을 발 디딜 틈이 없게 만들어놓고 말이다. 잠자기 전 샤워라도 시키려면 한참을 실랑이해야 한다.

아이를 키우는 일은 누구나 다 어렵다. 내 아이만 엄마를 힘들게 하는 것이 아니다. 아인슈타인은 천재 물리학자였음에도 어렸을 적 부모님이 걱정이 끊일 날이 없었다. 아인슈타인은 태어날 때부터 신체발육을 걱정해야 했다. 다른 아이들보다 머리가 굉장히 컸기 때문이다. 그뿐만 아니었다. 두 돌이 지나도록 말을 하지 못했고, 네 살이 되어서야 국을 먹다가 처음으로 "앗! 뜨거워"라며 말문을 열었다고 한다. 학교에 입학하고 나서는 선생님 말을 전혀 귀 기울여 듣지 않아 부모의 속을 태웠다. 멍하니 생각에 잠겨 있다가 엉뚱한 질문을 던지곤 해서 수업을 방해했다. 이상한 아이, 모자란 아이 취급을 받으며 자랐다.

발명가 에디슨의 어린 시절 일화는 유명하다. 헛간에서 암탉인 양 병아리 품기, 기차 화물칸에서 화학 실험을 하다가 불을 내서 한바탕 소동이 벌어진 이야기, 학교에서는 퇴학을 당하기도 했다. 만약 우리가 에디슨의 어머니였다면 끝까지 신뢰하며 응원을 보낼 수 있었을까?

그렇다고 대답하기 쉽지 않을 것이다.

옆집이 쉬워 보이겠지만 옆집뿐만 아니라 윗집, 아랫집 할 것 없이 아이를 키우는 일은 다 어렵다. 옆집 엄마는 자기 아이는 가르치기 어렵다고 생각하고, 윗집 엄마는 자기 아이가 성격에 문제 있다고 하고, 뒷집 엄마는 아이가 사회성이 없어서 고민이다. 이러한 속내를 모르고 다른 집 아이와 비교하는 순간 나만 아이 키우기 힘들다고 느껴진다.

내 아이만 키우기 어렵다는 것은 착각이다. 내 아이만 아니라 모든 아이가 그러려니 하고 받아들이고 나면 육아가 훨씬 수월하게 느껴진다. 블로그나 인터넷 카페 등을 찾아보면 육아가 힘들다는 엄마들의 사연이 차고도 넘쳐난다.

학교 교사도, 아동심리학자도 육아는 어렵다

학교 교사로 일하는 이웃집 친구 A가 있었다. 초등학교 교사이니 아이를 키우는 문제, 교육 문제에 있어 걱정이 없을 줄만 알았다. 하루 종일, 매일 많은 아이들과 생활해왔으니 전문가 수준에 이르지 않았을까 했던 것이다. 그러나 나보다 한숨이 더 늘어졌다.

"이야기하기도 입 아파! 나도 그럴 줄 알았지. '30, 40명 아이들을 매일 컨트롤하고 가르쳤는데 내 아이쯤이야' 했어. 그런데 막상 애가 말썽 피우면 목소리부터 커져!"

심지어 아동심리학자라도 엄마의 역할이 녹록하지 않다고 고백한다. 소아정신과 교수이며 의사인 신의진 교수는 틱 장애가 있는 아들을 키웠다. 자기 세계 안에 갇혀서 세상과 접촉하기를 무척이나 꺼리는 아이 때문에 마음을 다잡아도 그 자리에 앉아서 엉엉 울고 싶었다고 한다. 유치원에서 친구들과 어울리지 못하고 저 혼자 놀이를 하는 건 문제 축에도 끼지 않았다. "더러워서 싫어!"라며 유치원 마당에 깔려 있는 모래에 손 한 번 대지 않았다. 한 여름 찜통 더위에도 반바지 속에 내복을 입어야 집을 나서고, 초등학교에서는 수업 시간에 커다란 지구본을 들고 교실 안을 걸어 다녀 선생님과 아이들을 당혹스럽게 했다.

신의진 교수는 아이에게 세상과 교류하는 법만 제대로 가르쳐주면 된다 싶다가도 불안감에서 벗어나지 못했다고 한다. 또래 아이들과 비교하게 되고, 그런 날이면 엄마로서 갖게 되는 불안은 더해만 갔다고 한다. 그래서 작은 아이에게는 더했다. 하나를 알려주면 열을 아는 둘째에게 어느 순간 욕심이 생기기 시작했다는 것이다. 이것저것 시키느라 정신을 차릴 수가 없었다고 한다. 결국엔 첫째는 엄마에게 마음의 문을 닫아버렸고, 둘째는 공부에 대한 스트레스로 거짓말을 하기에 이르렀다고 한다. 유치원에서 한글 공책을 일부러 숨겨놓고 잃어버렸다고 거짓말을 했다는 전화를 선생님에게 받아야만 했다.

아이를 낳으면 자연스레 엄마가 된다. 임신과 출산을 겪으면서 고생에 대한 보상과 애틋함으로 아이에 대한 모성애는 더욱 커진다. 그러나 모성애가 깊다고 해서 육아가 쉬운 것은 아니다.

'공부의 신은 있어도 육아의 신이 없는 이유다.'
'아이를 키우는 일에는 왕도가 없다.'

실수와 실패를 반복하면서 아이가 자라듯 엄마도 함께 성장하기 위해 노력하는 게 최선이다.

실수와 경험을 통해 엄마다운 엄마가 되어가고 있다

'첫째 키우고 나면 둘째는 좀 쉽지 않을까?' 하는 기대를 한다. 그러나 한 배에서 나왔는데도 아이마다 각기 성향과 기질이 다르다. 아이마다 제각각이다 보니 매번 힘들고 어려운 게 육아다. 그것뿐인가? 적응하고 좀 알아갈 만하면 아이가 자라면서 또 다른 상황에 놓이게 된다. 그러니 세상에 편안하고 쉬운 육아는 없다. 완벽한 육아도, 완벽한 엄마도 존재하지 않는다.

"엄마! 엄마! 엄마! 컵 주세요, 엄마! 숟가락 주세요! 엄마, 우유 주세요."

아들은 연신 종알거리며 저녁밥을 짓고 있는 엄마 치맛자락을 잡고 따라 다닌다.

"알았어. 식탁 의자에 앉아서 엄마가 준 우유 먹고 있으면 엄마가 곧 찾아 줄게."

식탁에 앉아서 우유를 마시고 있는 줄로만 알고 안심하고 있었다. 그런데 잠시 후 아이의 자지러지는 울음소리가 들렸다. 뒤를 돌아보니 뜨거운 수증기가 나오는 밥솥 수증기 구멍에 손을 집은 것이다. 저녁하랴 아이보랴 정신이 없다 보니 밥솥을 싱크대 위에 올려놓는 것을 깜박한 것이다. 연약한 아이의 손은 빨갛고 살이 너덜너덜하게 익었다. 얼른 안고 싱크대의 흐르는 찬물에 조심해서 열기를 식혀주었다. 너무 아픈지 자지러지는 울음을 그치지 않았다. 서둘러 남편에게 전화하고 먼저 병원으로 달렸다.

완벽한 엄마, 좋은 엄마가 되지 못하고 있다는 생각 대신
실수와 경험을 통해 엄마다운 엄마가 되어가고 있다고
생각하는 것이 무엇보다 현명하다.

화상이 워낙 깊어서 치료 시간도 많이 걸리고 과정도 고통스러웠다. 상처 부위에 허물이 올라올 때마다 생 허물을 진통제도 없이 벗겨내야 했다. 그 과정을 지켜보면서 차라리 내가 아팠으면 한 적이 한두 번이 아니었다. 엄마 잘못으로 어린 아들이 고생한다는 생각에 자책도 많이 했고, 너무도 마음이 아팠다. 다른 엄마들은 다 수월하게 키우는 것처럼 보이는데, 왜 나만 이렇게 바보 같을까? 엄마로서 능력이 부족하고 못나서 어린아이가 고생한다는 생각이 들었다. 아들에게 미안한 마음이 나에 대한 책망으로 돌아온 것이다.

육아는 누구나 힘들다는 사실을 아이를 키우는 내내 경험했다. 나만 힘든 게 아니다. 그것만 알아도 덜 힘들고, 좀 더 행복하게 육아에 임할 수 있다. 수시로 만나게 되는 돌발 상황에 정답을 미리 알고 가는 것은 사실상 불가능하다. 완벽한 엄마, 좋은 엄마가 되지 못하고 있다는 생각 대신 실수와 경험을 통해 엄마다운 엄마가 되어가고 있다고 생각하는 것이 무엇보다 현명하다.

5. 지나친 기대와 보상심리를 가진 엄마

아이들은 부모를 실망시키지 않으려 참 많이 노력한다

진수가 매우 피곤하고 지친 모습으로 문을 열고 들어섰다. 오자마자 가방을 책상 위에 던지듯 내려놓고는 하늘이 꺼져라 한숨을 쉰다.

"사는 게 왜 이렇게 힘든지 모르겠어요. 아휴!"

이게 무슨 소리인가? 이제 갓 고등학교 1학년인 녀석의 입에서 나오는 것이라고는 믿기지 않는 신세 타령이었다. 진수는 중학교 때 각종 대회에 나가 상을 휩쓸고 다녔다. 미리 공부를 열심히 해놓으면 고등학교 올라가서 편히 공부할 수 있다는 부모님 말을 철석같이 믿고 힘들어도 참았다고 한다. 진수의 엄마는 중학교 시절 진수가 힘들어 할 때마다 이렇게 위로했다.

"조금만 참아. 지금 열심히 해놓으면 고등학교 가서 남들 3시간 공부할 때 너는 한 시간만 공부하면 된단다."

그런데 고등학교에 가니 수시 전형, 수능, 내신 등에 쫓기느라 여전히, 아니 갈수록 더 힘들었다.

고등학교에 갔는데도 여전히 학업에 대한 부담이 줄지 않자 실망이 이만저만이 아니었다.

"엄마 아빠는 지금은 대학교 가면 편하게 지낼 수 있다고 하셔요. 그 말을 믿을 수가 없어요. 대학 가면 취업 준비해야 한다면서요. 엄마 아빠는 대학에 가도 스펙 준비 시키려 여기저기 보내실 거예요."

진수는 엄마 아빠에 대한 불만을 속사포처럼 쏟아냈다.

부모의 지나친 기대가 아이를 힘들게 한다

부모님이 진수의 마음을 공감하지 못해 트러블이 자꾸 생겼다. 진수에게는 아픈 기억이 있었다. 진수가 모든 면에서 월등하자 친구들에게 따돌림을 당했다. 그때 무척 힘들었다고 한다. 그래도 고등학교 가면 모든 게 괜찮아질 거라는 말만 믿고 참아왔다고 한다.

이제는 공부도 하기 싫고 엄마 아빠가 어떤 말을 해도 믿을 수가 없다고 한다. 사람들의 관심과 시선이 집중되는 것도 부담스럽고 힘들다고 한다.

"선생님, 그냥 조용히 살고 싶어요."

"진수가 많이 힘들었구나!"

"네, 열심히 하고도 친구들 눈치 봐야 하는 게 싫어요."

진수는 따돌림의 기억으로 자신이 최선을 다해 얻은 결과에 대해 부담을 느끼고 있었다. 또 다시 친구들에게 따돌림을 당할까봐 두려워하고 있었다.

"선생님은 모르실 거예요. 당해보지 않은 사람은 그 마음 몰라요."

"선생님도 알아."

"네?"

"선생님도 초등학교 1학년 때 따돌림을 당한 적이 있어."

진수와 함께 따돌림의 경험들에 대해 토로하고 공감하면서 더 가까워졌다. 진수는 그 뒤로 나에게 속상한 일들을 자주 이야기했다. 진수는 멋있는 외모, 착한 성품, 우수한 성적 등 누가 보더라도 완벽했지만 자신감이 없었다. 의외로 이런 아이들이 많다. 부모님의 지나친 기대 때문이다.

"언제나 최선을 다하고 최고가 되어야 한다!"

진수의 아버지는 진수에게 자주 이런 말을 했다고 한다. 똑똑한 부모 밑에서 진수는 늘 주눅이 들어 있었다. 최고와 최선이 아니면 부모님을 만족시킬 수 없었다. 객관적인 시각에서 보면 분명 잘한 일인데도 칭찬 대신 꾸중을 들어야 했다.

부모의 지나친 기대와 요구는 아이를 무력감에 빠지게 한다

경민이는 여러 방면에서 우수하고 학교 공부도 잘하는 아이였다. 그러나 자신이 가진 능력에 비해 그다지 자신감도 없어 보였고 기가 잔뜩 죽어 있었다. 얼굴 표정도 항상 어두웠다. 경민이의 부모님은 자타가 공인하는 엘리트이다. 이 분들은 학교 다니는 내내 우수한 성적을 유지하였고 다방면으로 두각을 나타냈다. 사회에서도 임원 자리를 놓치지 않을 만큼 승승장구했다.

문제는 부모의 프라이드 때문에 자녀에 대한 기대치가 너무 높은 것이었다. 경민이는 항상 열심히 노력하는 아이였다. 부모의 기대에 부응하려 참 많이도 애썼다. 하지만 돌아오는 것은 언제나 질책뿐이었다.

경민이는 수학 성적 때문에 고민이 많았다. 이과를 희망하는 아이인데 수학 점수가 생각한 만큼 나와주질 않으니 힘들어했다. 그런 상황에서도 잠을 줄이면서 열심히 공부했다. 드디어 노력이 성과를 내어 수학 시험에서 2개 틀리고 다 맞는 쾌거를 이뤘다. 당연히 수학 때문에 밀리던 등수도 올라갔다.

전교 15등 밖에 있던 아이가 전교 8등을 했다. 경민이는 부모님의 칭찬을 받을 기대로 성적표를 손에 꼭 쥐고 집으로 달렸다.

"엄마, 아빠! 저 좀 보세요! 저 전교 8등 했어요!"

자랑스럽게 외쳤다. 그러나 경민이 부모님의 반응은 시큰둥했다. 8등이 아닌 1등을 했으면 좋겠다는 것이다. 경민이의 부모님은 아이를 앉혀 놓고 분석하기 시작한다. 칭찬 대신 꾸중과 비난이 쏟아졌다.

"수학은 왜 2문제나 틀렸어?"

"이건 뭐야, 오답 철저하게 안 풀고 갔어?"

경민이는 동아리 활동이 너무 하고 싶었다. 용기를 내어 마음에 드는 동아리에 가입해서 열정적으로 활동을 했다. 잠시였지만 동아리 활동하는 동안 경민이의 얼굴에는 활기가 돌고 혈색이 좋아졌다. 그러나 그것은 오래가지 못했다. 부모님이 동아리 활동이 공부에 방해가 된다는 이유로 반대를 했기 때문이다.

경민이는 좌절하기 시작했고 노력하기를 포기했다. 자신은 부모님을 만족시킬 수 없을 것이라고 했다. 부모의 지나친 기대와 요구에 무력감에 빠지기 시작한 것이다. 마음에 상처가 쌓이고 쌓여 자존감은 바닥을

부모는 아이의 자존감 지지대이다.
아이의 노력과 성취를 알아주는 대신
비난을 일삼는다면 아이는 희망의 끈을 놓아버린다.

보이고 있었다.

부모님께 여러 번 말씀을 드렸지만 도무지 소통이 되질 않았다. 참으로 답답하고 가슴 아픈 일이었다. 당신들의 말과 생각, 기준이 무조건 옳다고 생각하셨다.

부모는 아이의 자존감 지지대이다

부모는 아이의 자존감 지지대이다. 자신의 노력과 성과에 대한 부모의 반응을 보고 아이는 자신의 존재감을 확인한다. 아이의 노력과 성취를 알아주는 대신 비난을 일삼는다면 아이는 희망의 끈을 놓아버린다.

경민이는 결국 학교 공부를 손에서 놓고 나쁜 친구들과 어울리기 시작했다. 착하고 모범적이던 녀석이 담배를 손에 대고 술을 마시기 시작했다. 그뿐만 아니라 친구들과 싸우고 친구의 물건을 빼앗아 부모님들은 학교로 경찰서로 불려 다녀야 했다. 그 외중에도 경민의 부모님은 남들 보기 창피한 것이 우선이었다.

아이의 상처나 감정은 고려 대상이 아니었다. 경민이는 불만과 화를 해소할 길이 없었고, 자신의 삶을 놓아버린 듯 세상을 향해 더 거칠게 분노를 쏟아내기 시작했다.

오랜만에 경민이를 봤을 때 눈빛은 예전 그 아이의 것이 아니었다. 말투도 다른 사람 같았다. 공손하고 온순하던 말투가 아니었다. 선생님에게 예를 다하려고 했지만 목소리는 자꾸 거칠고 갈라져 나왔다. 18세

아이의 모습이 아니라 이미 30, 40년의 삶을 살아낸 지친 모습을 하고 있었다.

결국 경민이는 학교를 자퇴했다. 그리고 동굴 속으로 숨어버렸다. 방문도 걸어 잠그고 게임에만 몰두했다. 식사도 거르고 잠도 자지 않고 게임만 했다. 하다하다 배가 고프면 컵라면으로 끼니를 때우고선 다시 게임 속으로 빠져 들었다. 경민이의 부모님은 그때서야 오롯이 경민이를 보기 시작했다.

청춘에 대한 보상심리로 아이를 대하지 마라

지수 엄마는 친구들보다 일찍 결혼을 했다. 대학교 다니다 좋아하는 남자를 만나 덜컥 임신을 하게 되는 바람에 결혼식을 곧바로 올렸다. 지수 엄마는 청춘을 즐기지도 못하고 엄마가 되었다는 생각을 하며 억울해 했다. 아이 때문에 자신이 한심한 처지가 되었다고 한탄하면서도 아이에 대한 기대가 컸다.

이율배반적이지만 자신의 청춘을 아이를 통해 보상받고 싶었던 것이다. 아이를 그림자처럼 따라 다니며 케어했다. 학교에 가는 지수의 옷을 골라주고 신발을 무얼 신고 가면 좋을지 대신 선택해주었다. 머리 스타일까지 어떻게 할지 정해줬다. 지수는 긴 머리를 하고 싶었다. 엄마는 아직 어린아이가 멋만 내면 안 된다며 머리를 단발로 자르게 했다. 긴 머리를 감고 말리고 하느라 시간을 빼앗기는 게 못마땅했다.

 엄마의 행복한 감정공부 완벽한 엄마보다 행복한 엄마가 되라

"지수야, 빨리 나와! 학원 늦겠다! 학원 숙제 챙겼는지 봐."

"어! 수학 숙제 안 가지고 왔어!"

"뭐라고! 정신을 어디다 팔고 있는 거야?"

엄마는 늦지 않게 지수를 학원에 데려다 주고 다시 집으로 가서 학원 숙제를 챙겨 온다. 지수의 수족처럼 움직였다. 지수가 친구들을 만나러 간다고 하면 어디서, 누구와 만나 무엇을 하고 노는지 모두 알아야 직성이 풀렸다. 지수는 엄마가 정해준 구역에서만 놀아야 했다. 귀가 시간을 정해주는 것도 엄마였다. 지수도 어릴 때는 별 불만이 없었다. 한밤중에도 먹고 싶은 게 있다고 하면 달려가 사다 줄 정도였으니 나름 견딜만 했다.

지수가 자아가 형성되는 시기가 오면서 둘은 의견 충돌이 심해지기 시작했다. 지수는 더 이상 엄마가 정해주는 머리 스타일이 하기 싫었다. 엄마가 선택해주는 신발과 옷도 싫었다. 지수 엄마는 딸의 반항을 용서할 수 없었다.

"내가 너에게 어떻게 했는데 엄마 말을 무시해!"

하소연도 해보고 꾸중도 했다. 그러나 이미 지수는 엄마 품에 있던 딸이 아니었다. 엄마는 아이의 자아를 존중하기 위해 자신과 치열하게 싸워야 했다. 딸을 포기하기 위해, 자신의 욕심을 포기하기 위해서 밤마다 울었다.

그러한 시간들을 수없이 보내면서 엄마와 딸은 성장통을 잘 이기고 지금은 전보다 더 돈독한 모녀지간이 되었다. 모녀 사이가 좋아질 수 있었던 것은 엄마의 자기 성찰과 반성이 있었기 때문이었다. 자꾸 엇나가는 딸을 보면서 자신의 잘못이 무엇인지 그리고 그 잘못을 바로 잡기 위해 무엇을 해야 하는지 코칭받고 공부하며 노력했다.

 **인생의 지혜 한 줄**

"아이를 키우는 일은 세상이 내 뜻대로 되지 않음을 매순간 확인하는 일이다. 할 수 없는 일은 애쓰지 말고 받아들여라."

– 신의진, 『대한민국에서 일하는 엄마로 산다는 것』

기대로 인한 갈등이 아이의 재능을 묻어버린다

남편의 동생, 그러니까 나의 시동생의 일화는 부모들의 자녀에 대한 기대치가 얼마나 큰지를 짐작할 수 좋은 예이다. 시동생은 초등학교 때부터 1등을 놓친 적이 없다. 쟁쟁한 학생들만 모였다는 명문고에 가서도 늘 전교 1등이었다.

시댁에 살던 어느 날 청소를 하다 우연히 시동생 성적표를 발견했다. 저절로 입이 떡 벌어졌다. 완벽했다. 들어가기도 힘들다는 명문고에서 3년 내내 전교 1등을 놓치지 않았다. 그랬으니 부모님의 기대가 얼마나 컸겠는가?

그러나 부모님이 갔으면 하는 길, 원하는 대학이 시동생의 그것과 서로 달랐다. 팽팽한 줄다리기 끝에 시동생은 자신이 가고 싶은 곳에 원서를 넣었다. 우리나라에서 손꼽히는 최상위 대학 중 하나였지만 부모님의 실망과 노여움은 굉장히 컸다. 누구나 선망하는 대학, 그것도 최고의 학부에 수석으로 합격했지만 환영은커녕 냉대를 받아야 했다.

어머님은 시동생과 한 달이 넘도록 말을 하지 않았고 쳐다보지도 않았다. 찬바람이 쌩쌩 불었다. 시동생은 결국 서러움을 견디지 못하고 어머님 앞에서 목 놓아 울었다. 모두에게 선망의 대상이었던 대학에 수석으로 합격하고도 냉대를 받았으니 얼마나 힘들었겠는가.

부모님이 시동생을 자랑스러워하고 격려했다면 어땠을까?

더욱 원대한 이상과 꿈을 이룰 수 있지 않았을까? 물론 지금도 훌륭하고 행복하게 삶을 살고는 있다. 그러나 본인이 가진 재능의 10분의 1도 펼치지 못하고 있다는 생각에 안타깝다.

6. 아이의 앞길이 불안해 초조한 엄마

"자식을 기르는 부모야말로 미래를 돌보는

사람이라는 것을 가슴속 깊이 새겨야 한다.

자식들이 조금씩 나아짐으로써 인류와 이 세계의 미래는

조금씩 진보하기 때문이다."

– 임마누엘 칸트

엄마는 무조건 옳다?

상담을 요청한 어머님의 목소리가 무거웠다. 목소리에서 고민의 흔적이 역력하게 느껴졌다. 상담하는 날 문을 열고 들어온 동규는 잔뜩 주눅 들어 있었다. 엄마와 함께 문을 열고 들어오는 순간 표정만으로도 아이의 고통이 고스란히 전해져서 마음이 아팠다.

어머님은 잠깐 나가 계시라고 하고선 동규와 둘이서 이런 저런 얘기를 나누었다.

"동규야, 지금 제일 하고 싶은 게 뭐야?"

"친구들과 놀고 싶어요."

동규는 각종 학원으로 순례 아닌 순례를 다니느라 친구들과 놀 시간이 없었다. 7살부터 중학교 2학년인 지금까지 해외 어학연수에, 영어, 피아노, 태권도, 바둑학원 등 여러 학원에 쫓기느라 하루 24시간이 턱없이 부족할 정도였다.

"엄마 아빠는 TV도 보고, 친구도 만나는데 왜 나는 매일 공부만 해야 하는지 모르겠어요!"

"너의 생각이나 의견을 부모님께 말씀드려본 적 있니?"

"말이 안 통해요. 엄마 아빠는 어른이 되면 너도 그렇게 하라고만 하셔요."

아이와의 상담이 끝나고 어머님과의 상담을 이어가면서 아이가 얼마나 답답하고 힘들었을지 그대로 느껴져 콧등이 찡했다.

"아직까지는 어머님이 만족하는 성적을 거두고 있고 말도 거역하지 않고 잘 듣고 있습니다. 하지만 아이의 분노가 계속 쌓이면 어떤 결과가 나올지 예측하기 어렵습니다. 더 늦기 전에 대책이 절실합니다."

하지만 어머님은 상담을 통해 도움을 받으러 오신 분이 아니라 당신이 옳다는 말을 인정받고 이해받으러 오신 분 같았다. 아이의 미래를 위한 것이라는 명분을 앞세워 아이가 느낄 스트레스와 고통을 외면하려 했다. 그 후에 상담은커녕 한동안 동규의 모습조차 볼 수가 없었다.

아이들에게도 거부할 권리가 있다

그러던 어느 날 동규 어머님이 예약도 없이 덜컥 찾아오셨다.

동규의 성적이 전과 다르게 바닥을 기고 있었다. 바로 전날은 방문을 발로 차서 발가락과 발목이 부러졌다고 한다. 그런 일이 처음이 아니라고 했다. 분노를 자제하지 못해 먹던 밥그릇을 집어 던지고 소리를 고래고래 지르기도 한다는 것이었다.

동규 어머님에게 나를 믿고 맡겨 주실 수 있느냐고 물었다. 어떤 경우에도 간섭하거나 동규를 나에게 오는 걸 막지 않겠다는 약속을 받아내야 했다. 부모님도 아이보다 더 많이 노력하셔야 한다는 당부를 잊지 않았다. 어머님은 흔쾌히 그렇게 하겠다는 약속을 해주시고 숙지 사항이 적힌 책자를 기꺼이 받아 가셨다.

동규가 오면 나는 그냥 놔뒀다. 상담을 하려고 하지도 않았고 학습을 강요하려 들지도 않았다. 무엇을 했으면 하는 바람도 전하지 않았다. 그냥 웃어주고, 부드럽게 말해주고, 허락된 장소에서 자유롭게 지내다 가게 했다. 아이는 스마트폰으로 게임도 하고, 오락 프로그램도 보고,

친구들과 대화도 나누었다. 그러다 지루하면 만화책을 읽었다. 동규는 오랫동안 만화책에 빠져 지냈다.

그러다가 어느 날 내게 물었다.
"선생님! 지식산업이 뭐예요?"

동규가 처음으로 보인 호기심이었다. 나는 함께 자료를 찾아보고 관련된 책들을 골라주었다. 나중에는 내가 간식을 만들고 있으면 소리 없이 옆에 와서 도왔다. 그렇게 동규는 서서히 변해갔다.

부모의 교육에 대한 두려움은 아이가 무엇을 원하는지는 고려 대상이 아니게 만든다. 자신의 삶을 스스로 이끌어가는 주체로서 보는 것이 아니라 단순히 가르침을 받아야 하는 대상으로만 취급하게 만든다. 아이들에게도 거부할 권리가 있다. 자발적인 참여를 유도하기 위해 기다려주고 선택할 기회를 주자.

교육의 주권을 아이들에게 넘겨주자

지나친 간섭과 압박이 어떤 결과를 낳는지, 어떤 영향을 끼치는지, 헤르만 헤세의 소설『수레바퀴 아래서』를 통해서도 엿볼 수 있다.

주인공 한스 기벤라트는 똑똑한 머리를 타고 났다. 하지만 그 좋은 머리가 주인공에게는 불행의 시작이었다. 한스는 홀아버지를 비롯해 주변 사람들의 기대를 한 몸에 받았다. 당연히 머리 좋은 아이는 가문의 영광이요 자랑이었다. 한스는 가문뿐만 아니라 마을의 자랑거리이기도 했다. 처음에는 기대에 부응해 신학교에 입학하고 공부도 열심히 했다. 하지만 기대를 넘어선 압박은 계속되었다. 엄격하기만 한 아버지 때문에 점점 공부에 대한 무게감을 크게 느끼기 시작했다. 한스는 친구들과 어울려 마음껏 놀고 싶었고, 자유에 대한 갈망은 커져만 갔다. 하지만 일말의 이해심도 보이지 않는 아버지로 인해 삶에 대한 회한을 날마다 느껴야 했고, 그로 인해 한스는 내내 불행한 삶을 살아야만 했다.

인생의 지혜 한 줄

"왜 그는 가장 감수성이 예민하고 상처받기 쉬운 소년 시절에 매일 밤늦게까지 공부를 해야만 했는가? 왜 그에게서 토끼를 빼앗아버리고, 라틴어 학교에서 같이 공부하던 동료들로부터 멀어지게 만들었는가? 왜 낚시하러 가거나 시내를 거닐어보는 것조차 금지했는가? 왜 심신을 피곤하게 만들 뿐인 하찮은 명예심을 부추겨 그에게 저속하고 공허한 이상을 심어주었는가? 왜 시험이 끝난 뒤에도 응당 쉬어야 할 휴식조차 허락하지 않았는가? 이제 지칠 대로 지친 나머지 길가에 쓰러진 이 망아지는 아무 쓸모도 없는 존재가 되어버린 것이다."

– 헤르만 헤세, 『수레바퀴 아래서』

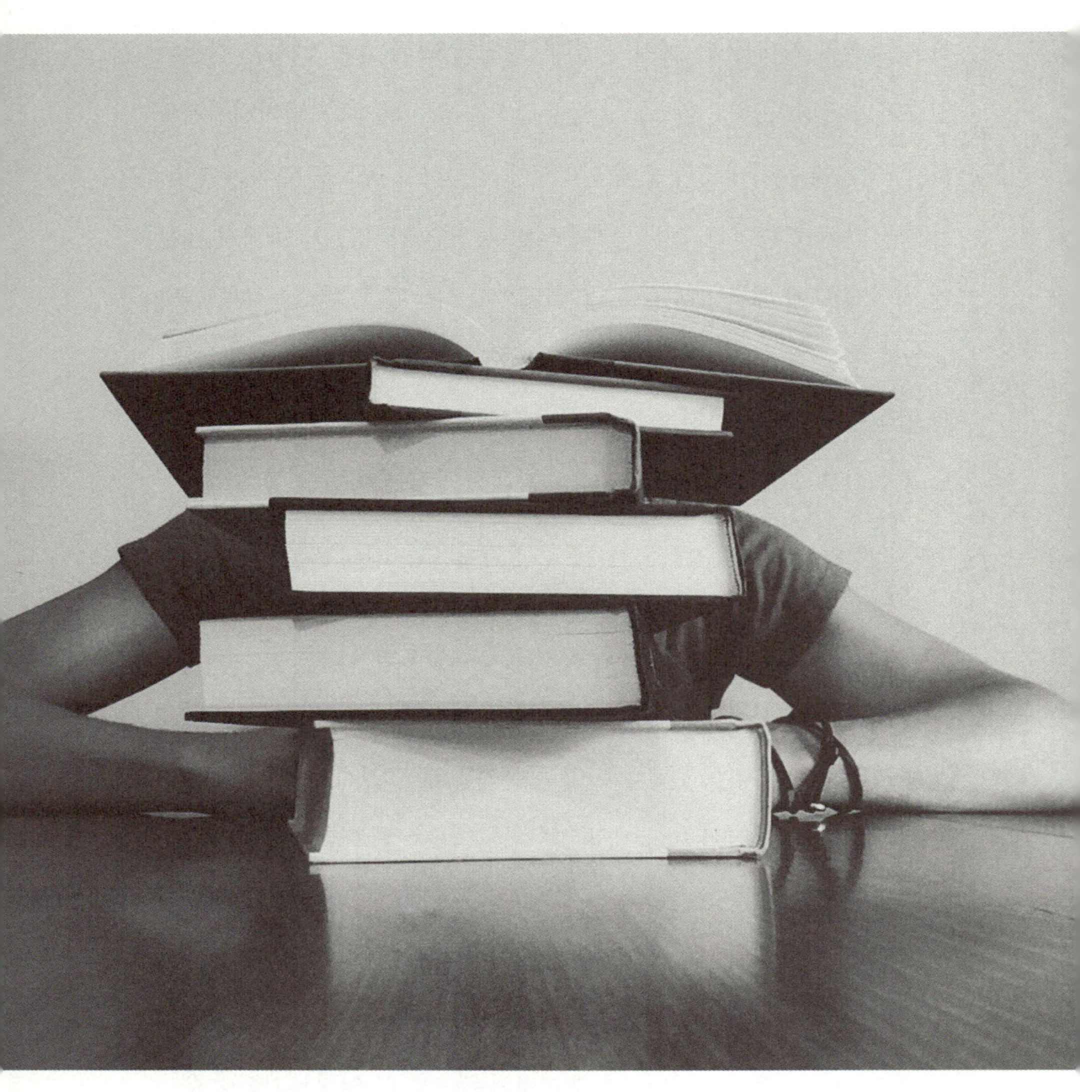

교육의 주인공은 부모가 아니라 학생이다.
교육에 대한 막연한 불안감 대신 우리 아이를 신뢰하는 마음으로 바라보고,
교육의 주권을 아이들에게 넘겨주어야 한다.

교육 현장에서 일하다 보면 아이가 아닌 부모의 욕구에 맞춰서 자녀를 움직이게 하려는 상황을 비일비재하게 목격한다. 자녀가 가고자 하는 길에 대한 사유와 교감이 없다. 2만 명에 가까운 초·중·고교생을 대상으로 한국교육과정평가원에서 학업 성취도를 조사했다. 조사 결과 부모와 함께 학교나 진학 문제에 대해 대화를 자주하는 학생이 그렇지 않은 학생에 비해 학업 성취도가 높은 것으로 나타났다.

초등학생은 물론 중고교생도 부모님과 대화를 자주 하는 학생은 그렇지 않은 학생에 비해 수학 평균 점수는 21.8점, 영어 평균 점수는 52.5점, 국어는 17.7점의 차이를 보였다. 자녀의 학업 성적에 부모와의 대화가 지대한 영향을 미치는 것이다. 재미있는 또 하나의 조사는 부모가 공부를 잘하라고 요구한 경우보다 올바른 성품을 가지라고 주문한 학생들이 점수가 높았다는 것이다. 이러한 조사 결과에 비추어 봐도 부모가 교육에 대한 두려움으로 아이에게 날마다 공부하라고 닦달해봐야 역효과만 초래하게 된다는 것을 짐작하게 될 것이다.

교육의 주인공은 부모가 아니라 학생이다. 더구나 창의력과 사고력이 중시되는 4차 산업 혁명 시대가 도래했다. 부모 세대가 지나온 경험 지향적 교육은 더 이상 미래적인 희망이 없다. 그동안의 교육 방식이나 방법에 매몰되지 말아야 한다. 부모가 먼저 시대의 변화를 읽는 눈을 키워야 한다. 교육에 대한 막연한 불안감 대신 우리 아이를 신뢰하는 마음으로 바라보고, 교육의 주권을 아이들에게 넘겨주어야 한다.

강한 교육열이 오히려 아이를 괴롭게 한다

우리나라 부모님들은 자녀 교육에 대한 두려움이 크다. 점수로 대학 서열이 나뉘고 취업과 결혼 등 미래를 결정된다고 생각하기 때문이다. 어려서부터 줄 세우기가 만연하다.

우리 아이가 90점 받아 와도, 옆집 아이가 100점 받으면 우리 아이의 90점은 제대로 된 점수가 아니다. 그러니 그저 좋다는 사교육과 학원 찾기에 열중한다. 스스로 공부를 잘 할 수 있는 역량을 먼저 키우도록 도와야 하는데 그게 쉽지가 않다.

대한민국 부모들은 자녀의 교육을 위해서라면 '교육적 유배'도 마다하지 않는다. 방학이면 강남 유명 학원의 수업을 듣기 위해 지방에서까지 올라온다. 주변의 단기 월세가 품귀 현상을 빚을 정도다. 한술 더 떠서 기러기 부부로 생활하는 걸 감수하고 해외로 내보내기도 한다.

이러한 경우 어릴 때부터 익숙해져 있던 환경을 떠나 풍습과 언어, 피부색 등이 다른 이질적인 문화와 환경에 노출된다. 그러한 환경에서 아이가 고통 받는 것에 대한 리스크는 생각하지 않는다.

많은 것을 희생하고 아이의 교육을 위해서라면 못할 일이 없다. 우리 나라처럼 교육열이 강한 나라도 드물다.

아이들의 배우고 싶은 욕구를 자극하고 스스로 필요성을 깨닫도록 기다리는 시간을 너무도 지루하게 느낀다. 평가 시험을 강조하기 바쁘고 그 결과에 대해 심할 정도로 조급하게 압박한다. 자신의 능력을 개발하는 것에 초점을 맞추는 것이 아니라 경쟁에서 이겨야 한다고 주입시키기 바쁜 것이다.

7. 좋은 엄마가 되는 법, 답은 엄마 안에 있다!

— 장 파울

아이들은 실패에서도 배운다

꾸짖기는 쉽지만 제대로 꾸짖기는 어렵다. 누구나 꾸짖음을 들으면 조언이 아닌 비난과 비판으로 받아들이기 쉽기 때문이다. 아이를 꾸짖는 것에도 지혜가 필요하다. 아이를 꾸짖기 전에 내가 질책하려 하는 이유가 무엇인지, 목적이 무엇인지 잠시 생각해보라.

"부모로서 아이가 잘 되길 바라는 마음에서라고 하지만 내 욕심의 무게가 얹힌 것은 아닌가? 지금 상황에서 꾸짖음이 원하는 바람직한 결과를 만들어낼 수 있는가?"

반항심과 분노만 일으키게 하는 것은 아닌지 점검하며 가야 한다. 당장의 기분이나 속상함, 감정에 휩쓸려 이성을 잃고 아이를 대하게 되면 아이도 감정적으로 반응한다. 반발심만 유발시키는 것이다.

꾸짖는 대신 노력이나 실패를 칭찬하고 격려하는 부모가 되어주면 어떨까? 어른인 우리도 수없이 실패하며 질량감 있는 삶을 만들어가고 있지 않은가? 왜 아이들의 실패는 용납하지 못하는가! 부모는 언제나 옳다는 생각을 내려놓아야 한다. 에디슨이나 빌 게이츠 등 꿈을 이룬 수많은 사람들은 성공보다 실패에서 더 많은 것을 배웠다. 아이들도 실패에서 스스로 정답을 찾아간다.

1970년에 회사의 연구원인 스펜서 실버Spencer Silver가 강력 접착제를 개발하려다 실수로 접착력이 약하고 끈적거리지 않는 이상한 접착제를 만들게 되었다. 1974년에 같은 연구소 직원인 아서 프라이Arthur Fry가 이 접착제를 사용할 수 있는 획기적인 아이디어를 떠올렸다. 교회의 성가대원이었던 아서는 찬양을 부를 곡에 서표를 끼워놓곤 했는데 자꾸만 떨어져서 불편했다. 그는 스펜서 실버의 접착제를 사용하여 붙였다 뗐다 할 수 있는 서표를 만들면 어떨까 하는 생각을 하게 된 것이다.

처음에는 사람들의 제품에 대한 인식 부족으로 시장 판매는 실패했다. 그러나 아서 프라이는 이에 좌절하지 않고 포춘이 선정한 500대기업의 비서들에게 줄기차게 견본품을 보냈다. 그것을 써본 비서들의 주문이 쇄도하기 시작했고 1980년에는 미국 전역에서 판매되었다. 1981년에는 캐나다와 유럽 등 전 세계인들에게 팔려나가며 대성공을 거두었다.

실패를 실패로만 생각하고 포기했다면 지금 우리가 편하고. 다양하게 이용하고 있는 포스트잇이 탄생할 수 있었을까?

우리의 삶에는 많은 채널이 있다. 우리는 선택하는 채널대로 순간순간의 우리가 존재하게 된다. 도전의 채널을 선택하면 도전하는 사람이 되고, 희망의 채널을 선택하면 희망을 볼 줄 아는 사람이 된다. 부모인 우리가 아이를 끝까지 믿어주고 응원해주는 채널을 선택하자. 부모가 믿어준 만큼, 응원해준 만큼 아이는 건강한 채널 안에서 자신을 마음껏 펼쳐 보이게 될 것이다.

아이가 가진 본래의 힘을 믿어라

아이가 가진 본래의 힘을 믿어준다면 무엇이 달라질까? 라는 의문을 갖고 EBS 다큐프라임에서는 실험을 실시하였다. 12명의 초등학교 4학년 아이들에게 두 팀으로 나누어 각각 80개의 문제를 풀게 한 것이다. 그런데 문제 풀기 전에 전제 조건이 있었다. 첫 번째 그룹에게는 선생님이 지시를 내렸고 두 번째 그룹은 아이들에게 선택권을 줬다.

첫 번째 그룹에게는 문제지를 나눠 준 후 이렇게 말했다.

"선생님이 80문제 준비했으니까 1시간 동안 돌아다니지 말고 시험지 다 풀어야 해. 이따가 선생님이 와서 볼 거야, 알겠지!"

선생님이 교실 문을 열고 나간 후 시간의 흐를수록 아이들은 자세가 흐트러지며 집중력이 떨어지기 시작한다. 대부분의 아이들이 집중한 시간은 고작 20여 분이었다. 20여 분이 넘어가면서 아이들은 문제를 푼다기보다 그저 시간을 버텨내고 있었다.

어쨌거나 1시간 후 6명의 아이들은 시키는 대로 80문제를 다 풀었다. 시험이 끝나고 시험이 어땠느냐고 물었다.

"어려웠어요."

"지루해요!"

"솔직히 풀기가 싫었어요."

혹시 기억에 남는 문제가 있느냐고 물었다. 그런데 한 명을 제외하고는 방금 전에 푼 문제인데도 전혀 기억하지 못했다.

두 번째 그룹에게는 이렇게 물었다.

"여기서 몇 문제 풀고 싶니? 이걸 꼭 다해야 하는 건 아니야! 몇 문제 정도 풀 수 있을 거 같아?"

아이들에게 선택권을 준 것이다. 그러자 아이들은 직접 고른 과목의 문제를, 10문제에서 80문제까지 자신이 원하는 만큼 풀기 시작했다. 원할 때는 잠시 쉬기도 하고 목표했던 문제를 다 푼 아이들은 만화책을 보거나 블록을 가지고 놀기도 했다. 그런데 그 다음 놀라운 일이 벌어졌다. 20문제를 풀고 나서 만화책을 보던 아이가 혼자 중얼거리기 시작한다.

"20문제를 푸는 데 8분 걸렸고 남은 60문제를 풀려면 24분 걸리니까 7분 정도 쉬었다 하면 되겠네."

그리고서는 나머지 문제를 푸는 것이다. 20문제를 풀겠다던 아이가 80문제를 모두 풀었다. 약속했던 문제 수보다 스스로 더 많이 푼 것이다. 다른 아이들도 마찬가지였다. 6명 중 80문제를 모두 푼 아이가 다섯 명이나 되었다. 이번에도 아이들에게 질문을 던져봤다.

"20문제나 40문제만 푼다더니 왜 다 풀었어?"

아이들의 대답은 첫 번째 그룹과 판이하게 달랐다.

"재미있었어요."

"풀다 보니까 쉬웠어요."

첫 번째 그룹처럼 "혹시 기억에 남는 문제 있니?"라는 질문을 했다. 이 부분에서도 놀라운 차이를 보였다.

좋은 엄마가 되기 위해서는 두 가지의 균형이 필요하다.
아이를 사랑해야 하는 것,
사랑한다는 이유로 아이를 구속하지 않는 것이다.

"소수 계산. 그리고 다각형이요."

"이 도형은 사다리꼴이 아닙니다. 왜 사다리꼴이 아닌지 이유를 쓰시오!"

아이들의 대답은 상당히 구체적이었다. 물론 시험 결과에서도 큰 차이를 보였다. 공부하는 시간과 방법에 대해서 선택권을 부여 받은 아이들이 훨씬 높은 점수를 받았다.

'집념을 갖고 아이의 성적을 올리겠다.'고 하거나 '아이를 자유롭게 풀어놓으면 안 될 거야.'라고 생각하는 부모들이 자녀의 공부를 방해한다는 것이다.

좋은 엄마가 되기 위해서는 두 가지의 균형이 필요하다. 아이를 사랑해야 하는 것, 사랑한다는 이유로 아이를 구속하지 않는 것이다. 우리 아이가 변화와 미래에 적응할 수 있는 능력을 부모인 우리가 방해하고 있는 것은 아닌지 되돌아보았으면 좋겠다.

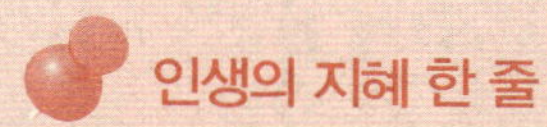

놀이를 할 때 '잘 놀아야 해! 내가 이 놀이를 완주해야 돼! 이 놀이를 꼭 성공해야 돼!'라고 생각하며 노는 아이들은 아무도 없다. 아이들은 시간이 나면 그냥 기분 좋게 노는 것이다. 하지만 부모의 기대감이 너무 높은 아이들은 접하는 모든 활동을 '잘 수행해야 하는 과제'로 생각하게 된다. 학습이 아닌 놀이 상황이 주어지더라도 잘 수행해내야 한다고 생각하게 되는 것이다. 아이에게는 책도 끝까지 읽어야 하는 과제, 퍼즐도 모두 맞추어야 하는 과제다. 뿐만 아니라 친구들과 노는 것도, 공놀이를 하는 것도, 블록을 쌓는 것도 모두 수행과제로 생각하게 된다. 때문에 자신 없어 하는 활동은 그것이 놀이든 학습이든 일단 방해를 하는 것이다.

– EBS 놀이의 반란 제작팀, 『놀이의 반란』

emotion · communication · trust

2장

아이가 진짜로 원하는
엄마의 모습은 뭘까?

1. 아이의 자율성을 존중해주는 엄마

2. 감정을 먼저 알아주고 공감해주는 엄마

3. 무조건 화내지 않고 격려해주는 엄마

4. 다른 아이들과 비교하지 않는 엄마

5. 잘 들어주고 따뜻하게 말하는 엄마

6. 가능성과 꿈을 믿어주는 엄마

7. 도전을 끝까지 응원해주는 엄마

8. 가슴 뛰는 꿈을 가지고 사는 엄마

1. 아이의 자율성을 존중해주는 엄마

아이는 완벽한 엄마를 원하는 것이 아니다

진수 엄마는 학원, 과외, 수행평가, 학교 시험 등 아이의 교육과 관련된 최신 정보를 꿰뚫고 있어 어딜 가나 환영받는다. 엄마들 사이에서 아이 잘 키우고 살림도 야무지게 잘 하기로 유명하다.

하지만 완벽한 엄마를 가진 진수에게도 나름 고충이 있다. 그중 하나가 진수는 다른 친구들에 비해 유난히 자료 조사에 어려움을 느끼는 것이었다. 책을 보든 신문이나 잡지를 활용하든 아이들이 부담을 덜 느끼는 인터넷으로 하든 마찬가지였다. 찾아낸 자료가 적으면 적어서, 많으면 많아서 어떻게 해야 할지 몰랐다. 수업을 처음 시작하면 진수만 그런 게 아니고 많은 아이들이 겪는 어려움이다. 가정에서나 학교에서 자율성을 제대로 존중받지 못했기 때문이다. 스스로 판단하고 선택하는 능력을 발달시킬 기회를 얻지 못한 것이다. 거기다 매체 발달로 인해 정보가 넘쳐나다 보니 옥석을 가리는 데 어려움을 느낀다. 하지만 계속 배우다 보면 필요한 정보와 지식을 찾아내는 방법을 터득하고 감을 잡는다.

그런데 진수는 도무지 나아질 기미를 보이지 않았다. 정확히 표현하면 잠깐 좋아졌다가 일주일이 지나 다시 만나면 제자리로 돌아가 있는 일이 반복되었다.

진수 어머님은 교육뿐만 아니라 육아 정보에 대해서도 아는 것이 많고, 완벽한 엄마라는 평가를 들어왔다. 진수는 밖에서 사 먹는 음식을 거의 먹어본 적이 없다. 외출할 때도 엄마가 간식이나 도시락을 챙겨서 다녔다. 다른 아이들처럼 더운 여름에 마음 놓고 아이스크림을 사 먹을 수도 없었다. 건강을 해치게 될까 걱정하는 마음, 불안한 마음 때문이었다.

완벽한 엄마가 아이의 자율성을 막는 족쇄가 된다

상황은 다르겠지만 아이를 키우면서 불안을 경험해보지 않은 엄마는 없을 것이다. 불안의 사전적 의미는 '불쾌하고 모호한 두려움'이다. 불안을 접하면 불안을 이기려고 노력하는 대신 그 상황을 외면하거나 다른 대안을 찾는 시도를 한다. 물이 무서우면 물놀이 대신 공놀이를 하면 되고, 자전거가 무서우면 타지 않으면 그만이다.

하지만 엄마로서의 삶은 다르다. 결코 외면할 수 없고, 새로운 상황에도 필사적으로 적응해야 한다. 어느 정도 적응하면 아이는 어느 사이 자라서 또 다른 상황에 놓이게 된다. 현실이 이렇다 보니 엄마의 삶은 늘 불안할 수밖에 없다.

진수의 문제는 아이에게 원인이 있는 것이 아니라 어머니에게 있었다. 어머니와의 상담이 절실했다. 진수 어머니에게 전화를 걸어 말을 아끼며 진수의 상태를 말씀드리고 면담을 했으면 하는 마음을 전했다. 자세한 것은 직접 뵙고 이야기를 나누어야 했다. 자칫하면 진수에게 불똥이 튈 수도 있기 때문이다. 아이에 대한 애정이 많으신 분이다 보니 발등에 불 떨어진 사람처럼 마음이 급해지셨다. 빨리 상담 시간을 잡아달라고 야단이었다.

맞은편 의자에 앉은 어머님의 얼굴에는 불안감이 역력했다. 진수의 상태를 자세히 설명하고 진수에게 선택권과 자율성을 허락해줘야 한다고 강하고 단호한 어조로 말했다. 말을 이리저리 돌리고 어르고 할 상황이 아니라는 판단이 들었다. 그렇게 하지 않으면 본인 주관을 계속 고수할 분이었다. 상담은 지리하고 길게 이어졌다. 어머님 본인의 소신과 의지가 워낙 강했다.

"어떻게 해라!"가 아니라

"어떻게 했으면 좋겠니?"로 바꾸어야 하는 것이다.

어머님이 비협조적일 때는 정말 힘들다. 그렇다고 포기할 수는 없었다. 제자의 미래가 달린 문제였기 때문이다. 차분하게 인내심을 가지고 설득하고 이해시켜야 했다.

아이와 눈높이를 맞추고 믿어라

시키는 것만 하는 아이로 키우다 보면 거기서 끝나는 것이 아니라 나중에는 시키는 것도 제대로 못하는 아이가 된다. 아이를 키우는 일에 있어 비법이나 마법의 묘약은 없다. 아이를 잘 관찰하고 아이의 마음을 읽어내는 것이 중요하다. 그러기 위해서는 질문을 끊임없이 던져야 한다.

"어떻게 해라!"가 아니라 "어떻게 했으면 좋겠니?"로 바꾸어야 하는 것이다.

엄마의 이러한 양육 태도는 아이의 사고를 촉진시키고 성장으로 이끌어 준다. 그런데 잘 관찰하라고 하면 아이의 턱 밑까지 밀고 들어가 아이를 숨 막히게 하는 엄마들이 있다. 아이의 모든 행동에 간섭하라는 것이 아니다. 그러한 경직된 엄마의 행동은 오히려 아이에게 스트레스와 부담으로 작용할 수 있다. 아이에게서 한 발 물러나서 눈높이를 맞추려고 노력해야 한다. 그러기 위해선 아이를 믿어주는 엄마의 마음이 선행되어야 한다.

아이가 내 뜻대로 된다고 자랑 말고, 아이가 내 뜻대로 안된다고 걱정 말라. 반대로 아이가 내 뜻대로 된다면 걱정하고, 아이가 내 뜻대로 안되면 안심하라.

가장 걱정해야 할 문제는 아이에게 뜻이 없다는 거다. 모든 부모는 장차 내 아이가 이 거친 세상을 자기 힘으로 헤쳐가지 못하면 어떻게 하나 걱정스럽다. 그래서 부모는 자신의 모든 힘을 바쳐 아이를 도와주려 애쓴다.

하지만 모든 도움은 지나치지 않아야 한다. 도움이 지나치면 아이는 아예 혼자 설 생각조차 못하도록 길들여진다. 아이가 엄마 뜻대로 하지 않는다고 화를 내는 대신 아이의 뜻이 무언지 살펴보고 들어보라. 네가 뭘 안다고 까부느냐고 핀잔하지 말고 네가 어떻게 그런 생각을 다 하느냐고 칭찬해주어라. 아이가 자신의 뜻을 내비치는 것 자체를 반겨라.

— 박혜란, 『다시 아이를 키운다면』

2. 감정을 먼저 알아주고 공감해주는 엄마

휴가에서까지 벌을 받고 있던, 눈에 밟히던 그 아이

아이의 행동에 지나치게 개입하게 되면 아이는 세상을 탐닉할 수 있는 즐거움과 행복을 빼앗기게 된다.

여름 휴가를 이용하여 강원도로 가족들과 캠핑 갔을 때의 일이다. 휴가철 중 피크라서 도로도 캠핑장도 차와 사람들로 붐볐다. 캠핑장 입소가 생각보다 많이 늦어졌다. 캠핑장에 다 와서는 주차장처럼 늘어서 있는 차들이 꼼짝을 하지 않아 접근이 쉽지가 않았기 때문에 더욱 답답했다. 사람들의 얼굴엔 짜증이 묻어 나왔다. 길에 차를 세워놓고 밖으로 나와 있는 사람들이 많았다. 차가 꼼짝도 못하고 있으니 차 안에 있기 답답했다.

나도 답답해 차 밖으로 나왔다. 좀 살 것 같았다. 날씨가 덥고 습해서 있는 것도 괴로웠지만 차 안에 오랜 시간을 있다 보니 날씨가 주는 불편함은 오히려 견딜 만했다.

그때 내 앞을 한 아이가 계속 왔다 갔다 했다.

"아줌마는 수원에서 왔는데 너는 어디서 왔니?"

"왜요?"

당돌하게 눈을 크게 뜨고 내 질문에 대답은 하지 않고 역으로 질문을 던진다.

"그냥, 이 많은 사람들이 과연 어디서 왔을까가 궁금해서."

"저는 강남에서 왔어요."

"이름이 뭐야?"

"엄마가 모르는 사람과 얘기하지 말라고 했어요!"

나를 한 번 쳐다보더니 쌩하니 가버린다. '엄마가 아이 교육을 철저하게 시켰네.'라는 생각을 하고 무심하게 넘겼다. 차들은 여전히 주차장에 세워놓은 것처럼 꼼짝할 생각을 하지 않았다. '어디서 사고라도 났나?' 혼잣말을 하면서 발걸음을 옮기고 있었는데, 반대쪽에서 아까 그 아이가 손을 들고 서 있는 것이다. 자세로 봐서는 벌 서는 게 분명했다. 아이가 얼마나 큰 잘못을 했기에 휴가 와서까지 벌을 세우나 싶었다. 나를 까칠하게 대했던 아이 얼굴이 떠올라 머뭇머뭇 하다가 조심스럽게 다가갔다. 하지만 "꼬마야!"라고 부르고 더 이상 말을 이어갈 수가 없었다. 엄마가 나오더니 아이 손을 끌어 차로 데려갔기 때문이다. 차가 움직이기 시작해 나도 얼른 우리 차에 올라탔다.

텐트 치는 것을 돕고, 가지고 온 물건을 꺼내서 정리하고, 저녁 식사를 준비하느라 그 일은 까맣게 잊고 있었다. 수돗가에서 설거지를 하고 돌아서 걸어오는데 익숙한 모습이 눈에 들어왔다. 아까 그 아이였다. 또 손을 들고 벌을 서고 있었다. 어떤 부모이기에 휴가까지 와서 아이를 저렇게 호되게 다루는지 궁금했다. 훈계를 넘어 학대가 아닌가 생각이 들었다. 잊어버리려고 했지만 자꾸 눈에 밟혔다. '오지랖 떨지 말자. 남의 가정사에 간섭하는 건 예의가 아니야.'라고 생각하고 잠자리에 들었다.

다음날 아침을 먹고 아이들과 계곡으로 물놀이를 하러 갔다. 물보다 사람이 많아 보였다. 아들들에게 안전 조끼를 입히고 튜브를 챙겨주고 나는 바위 위에 앉아서 잠시 쉬고 있었다. 그때 저쪽에서 그 아이가 아빠 손을 잡고 팔랑팔랑 뛰어온다. 표정이 밝아 다행이다 싶었다. 아이들은 놀다 보면 금방 친해진다. 처음 보는 사이에도 오랜 친구처럼 잘 어울린다. 무리지어 노는 아이들 속에 어느 사이 그 아이도 끼어 있었다. 밝게 노는 모습이 여느 아이와 다를 바 없었다. 괜한 걱정을 했구나 싶었다. 다음 날 점심쯤이었다. 매점으로 음료수를 사러 가고 있었다. 그런데 그 아이가 엄마와 함께 저만치 앞에서 걸어오고 있다.

숫기도 없는 내가 용기를 내어 아이에게 일부러 큰 소리로 인사를 했다, "안녕! 매점 갔다 오니?" 엄마는 얼굴을 들어 우리와 아이를 번갈아 본다.

"안녕하세요! 어제 물놀이 할 때 저희 아이들과 같이 놀았어요."
"아, 네. 저도 본 거 같아요."
"아이가 너무 예뻐요. 눈도 똘망똘망하니 똑똑하게 생겼어요."
"감사합니다. 재미있게 놀다 가세요."
"네, 감사합니다. 저희 텐트로도 놀러 오세요."

그 집 텐트는 우리 옆에 있는 텐트 한 개를 지나면 있었다. 그 다음부터 아이들은 자연스럽게 어울려 놀았다.

엄마의 감정만 앞세워 아이의 감정을 무시하지 마라

그 집은 큰아이를 불의의 사고로 잃었다. 엄마는 큰아이를 잃은 상실

자신의 아픔에 아무 조건 없이 귀를 기울여주는 엄마,
어떤 상황에서도 변함없는 사랑을 보내주는 엄마일 것이다.

감이 너무도 컸다. 그 충격으로 오랫동안 모든 삶이 정지되어 있었다고 한다. 벌을 서고 있던 아이의 이름은 민정이었다.

큰아이를 잃고 상실감에 빠져 살던 어느 날, 엄마가 거실을 지나고 있었다고 한다. 저만치서 민정이가 거지꼴을 하고 배가 너무 고픈 나머지 강아지 사료를 정신없이 먹고 있더란다. 그걸 본 순간 정신이 번쩍 들었다고 한다.

그 뒤로 엄마는 민정이를 위해서라면 어떤 일도 마다하지 않았다. 큰아이를 잃은 아픔을 둘째를 통해 위로받고 싶었던 것이다. 뭐든 최고로만 해줬다. 학원도 최고만 골라서 보냈고, 옷도 최고로만 해서 입혔고, 책을 하나 사줘도 엄마가 일일이 읽어보고 사줬다. 아이가 잠시라도 눈에 보이지 않으면 불안해 했다. 아이가 조금만 불편한 것 같아도 못 참았다. 엄마 삶의 목적은 오직 이 아이를 향해 있었다.

그런데 그런 엄마가 아이에게는 고통이었다. 밖에 나가서 친구들과 어울려 놀 수도 없었다. 엄마의 시야에서 벗어나는 것을 엄마가 용납하지 않았다. 강남에 살게 된 것도 민정이를 위한 엄마의 무리한 선택이었다. 아이의 공부를 위해 선택한 강남행에 아이는 반발도 못하고 순순히 따랐다.

하지만 민정이는 한참이나 앞서서 선행을 하고 있는 강남 아이들 공부를 따라가기 벅찼다. 아이의 공부를 위해 교육 1번지라는 말을 믿고 강남으로 갔지만 아이는 오히려 자신감을 잃어가고 있었다. 생활 수준도 달라 친구들과 어울리기 어려워했다.

　상황이 점점 심각해지자 아빠가 중재에 나섰다. 그동안은 아내의 마음을 이해해서 지켜보고 있었지만 '더 이상 안 되겠다' 싶었다고 한다. 그냥 두면 엄마도 아이도 망가질 것 같은 위기의식을 느꼈다고 했다. 직장까지 시간이 자유로운 곳으로 옮기고 가족들과 여행을 다니기 시작했다고 한다. 아이가 장소를 가리지 않고 벌을 선 것도 엄마의 욕심 때문이었다. 아이의 감정은 나 몰라라 하고 엄마의 생각대로 하려고 하다가 안 되면 벌을 세우거나 소리를 지른다고 했다. 처음부터 그랬던 것은 아니었지만, 갈수록 그 증상이 심해졌다고 했다. 지금은 많이 양호해진 편이고 점점 좋아지고 있다고 했다.

아픔에 공감하고 아이의 감정을 먼저 생각하라

아이에게도 오빠를 잃은 슬픔과 상처가 있었을 것이다. 엄마와 아빠만 아들을 잃은 게 아니라 아이도 오빠를 잃었다. 그것에 대해 아무도 배려해주지 않을 때, 아이의 감정은 고려의 대상이 되지 못할 때, 아이 혼자 건너야 했던 많은 강들이 얼마나 두려웠겠는가?

　아이들이 진짜로 원하는 엄마의 모습은 어떤 것일까? 무조건 희생하는 엄마, 집착하는 엄마는 아닐 것이다.

　'무슨 일이 있어도 나는 늘 네 편이란다!'

‘여전히, 그리고 언제나 너는 사랑 받을 가치가 있어!’

자신의 아픔에 아무 조건 없이 귀를 기울여주는 엄마, 어떤 상황에서도 변함없는 사랑을 보내주는 엄마일 것이다.

 **인생의 지혜 한 줄**

“부모가 신화 속에서 벗어나지 못하면 머지않아 대부분이 아이를 싫어하게 된다. 아이는 신화 속 아이와 다르다.”

– 이호선, 『부모도 사랑받고 싶다』

3. 무조건 화내지 않고 격려해주는 엄마

"아이는 어릴 때 엄하게 가르쳐야 하나,

아이가 무서워하게 해서는 안 된다."

—『탈무드』

아이의 실수에 누구보다 낙담하는 사람은 '아이'다

아이가 시험을 망치면, 부모님들은 아이보다 더 많이 낙담하고 화를 낸다. 그때마다 아이들은 마치 무슨 큰 잘못이라도 저지른 사람처럼 눈치를 봐야 한다. 시험을 망친 것만으로도 아이의 기분은 우울하고 실망스러울 것이다. 그런데 부모님까지 낙담하고 화를 낸다면 아이들이 느끼게 되는 감정은 어떤 것일까?

감정에도 '주인 정신'이 있다. 스스로 느낀 감정에는 책임감을 느끼게 된다. 부모님이 굳이 화를 내지 않아도 아이들은 이미 자신을 향해 꾸중하고 자책하고 있다. 아이가 부모가 느낀 감정까지 처리해야 한다면 아이는 자기감정에 대한 해답을 찾을 기회를 잃는다.

기쁨은 나누면 배가 된다는 말이 있다. 하지만 나쁜 감정은 나누면 몇 배의 효과를 발휘한다. 나쁜 감정을 잘 처리하면 오히려 더 강한 힘을 낼 수 있고, 더 큰 위로가 될 수 있다는 뜻이기도 하다. 기쁜 감정보다도 몇 배의 긍정적인 효과를 낼 수도 있다는 반증이다. 부정적인 감정은 위기를 기회를 만들 수 있는 강력한 힘을 내포하고 있다.

부모가 시험을 망친 아이에게 낙담하고 화를 내는 대신 아이의 속상한 마음을 공감해주고 괜찮다는 격려의 말을 해줬다면 결과는 어떻게 달라졌을까? 아이는 자신의 실패를 좌절로 받아들이지 않고 경험으로 받아들일 수 있었을 것이다. 실패를 좌절로만 보면 포기하게 되지만 경험으로 받아들이게 되면 새로운 도전의 기회로 삼게 된다.

부모가 준 공감과 격려의 힘으로 다음에 똑같은 실수를 하지 않기 위해 더 나은 방법을 찾으려 노력할 것이다. 그러한 과정을 통해 실패의 원인을 찾고 새로운 방법, 방향을 모색하다 보면 분석력, 판단력과 추진력을 기를 수 있는 좋은 기회가 된다. 그런데 우리 부모들은 결과만 보느라 위기에 숨어 있는 기회의 위대함을 보지 못한다. 성적만을 위해 모든 것이 차단된 상태에서는 배워야 할 것들을 제대로 배우지 못한다. 어려운 상황에서도 스스로 그것을 극복하고 헤쳐 나갈 수 있는 자립심과 창의력, 문제 해결 능력을 잠재의식 속에 갖고 있는데도 말이다.

나비효과 – 엄마의 가벼운 감정 표출이 아이에게는 태풍이다

나보다 먼저 결혼한 친구 집에 초대를 받아 갔을 때였다. 일찍 출발해서인지 도착해보니 몇 명 와 있지 않았다. 초대 손님의 반도 안 온 상태였다. 나는 멍하니 앉아서 기다리는 것보다 혼자 부엌에서 동동거리는 친구를 도와주자는 마음에 소매를 걷어붙이고 주방으로 갔다. 나는 유리 그릇에 동치미를 담고 있었다. 그때 친구의 아들이 과자를 가져가면서 실수로 내 팔을 쳤다. 그릇은 바닥에 나뒹굴며 깨졌고 동치미는 여기저기 튀었다. 나는 깨진 그릇과 흩어진 동치미보다 친구의 얼굴을 얼른 살폈다. 다혈질인 친구가 분명 아이에게 화를 낼 것 같았기 때문이다. 아니나 다를까 친구의 언성이 바로 높아졌다.

"지금 뭐하는 거야! 이리 안 와! 엄마가 방에서 TV 보고 가만히 있으라고 했지!"

"오늘은 손님들을 초대해놓고 새 집 장만했다고 축하하는 날이잖아. 그만해, 애가 일부러 그런 것도 아니잖아."

내 제지에 화를 내는 것은 멈추었지만 깨진 유리와 흩어진 동치미를 치우며 부정적인 잔소리는 멈추지 않았다. 나한테 미안해서 그랬을 수도 있지만 나는 위안을 받는 게 아니라 오히려 불편했다. 아이의 일그러진 얼굴이 마음 아팠다.

엄마의 질책하는 말 한마디, 격려의 말 한마디에
자녀들의 기분은 180도 달라진다.

“괜찮아, 모르고 그런 거잖아. 괜찮아. 다치지 않아 다행이다.”

몇 마디 내 위로가 아이가 느꼈던 무안함이나 죄책감을 씻겨줬을까?

중국 베이징에 있는 나비가 날갯짓을 하면, 다음날에 미국 뉴욕에서 폭풍이 일어난다는 ‘나비효과’가 있다. 부모의 가벼운 날갯짓이 아이들에게는 폭풍우를 몰고 올 수 있다. 엄마가 굳은 표정을 짓느냐 웃는 표정을 짓느냐만 가지고도 집안 분위기가 달라진다. 그것이 아이의 심리적 안정을 좌우하는 경우도 많다.

엄마의 질책하는 말 한마디, 격려의 말 한마디에 자녀들의 기분은 180도 달라진다. 하지만 대부분의 엄마들은 이 같은 사실을 잘 인지하지 못한다. 아이에게 치명적인 영향을 미칠 수도 있는 언행에 대해 지적하면 “나는 잘못한 게 없는데.”, “아이를 버릇없게 키우란 말이야?”라는 식으로 반응한다. 엄마의 계속되는 날갯짓이 아이에게 태풍이 될 수 있는데도 말이다.

엄마가 무심코 던진 돌에 아이의 마음이 죽는다

얼마 전 병원에 갔다가 우연히 목격한 장면에 나는 적잖은 충격을 받은 적이 있다. 초등학교 4학년쯤으로 보이는 아이와 엄마가 병원 문을 열고 들어섰다. 남자 아이는 내 옆자리에 와서 앉았다. 처음에는 단정하게 앉아 있던 아이가 몸을 비비 꼬기 시작하더니 급기야 엄마에게 똑

바로 앉으라는 잔소리를 듣는다. 엄마의 지적에 다시 가지런히 다리를 모으고 바른 자세를 취한다.

그런데 얼마 되지 않아 엄마에게 아이가 두통을 호소했다.

"엄마, 아까보다 머리가 더 아파요."

잠시 후 내 귀를 의심하는 충격적인 엄마의 대답이 들려왔다.

"너만 머리 아픈 게 아니야. 나는 너 때문에 머리가 더 아파. 세상살이가 왜 이렇게 머리 아프게 만드는지."

정말 어이가 없었다. 놀라서 엄마의 얼굴을 나도 모르게 쳐다보게 되었다. 엄마는 무덤덤한 표정을 짓고 있었다. 무심결에 던진 말 같았다. 하지만 아이의 표정은 어두웠다. 아이는 고개를 푹 떨궜다. 그 아이는 어떤 생각이 들었을까?

'엄마가 나 때문에 머리 아프다는데 얼른 나아야지.'
'엄마를 기쁘게 해드리는 아이가 되어야지.'
이렇게 생각했을까? 무심코 던진 돌에 개구리가 맞아 죽는다는 속담도 있다. 엄마가 무심코 던진 말에 아이가 맞아 죽을 수도 있다.

"천지산천도 일월성신도 모두 자기의 다른 이름에 불과할 뿐. 자기를 제쳐놓고 달리 연구할 만한 것이 세상천지 어디 있겠어? 만약 인간이 자기 밖으로 뛰쳐나갈 수 있다면 뛰쳐나가는 순간 자기는 없어져버리잖아. 더구나 자기 연구는 자기 말고는 아무도 해줄 자가 없지. 아무리 해주고 싶어도, 해줬으면 싶어도 불가능한 이야기."

– 나쓰메 소세키, 『나는 고양이로소이다』

부모의 지나친 기대는 회피를 만들어낸다

아이의 미래를 걱정하지 않고 사는 부모가 얼마나 될까? 그런데 너무도 당연한 이러한 걱정이 예기치 않은 문제를 일으키기도 한다. 진희는 대기업에 다니는 아빠와 의사인 엄마 사이에서 큰딸로 태어났다. 부모는 둘 다 명문대 출신으로 아이가 성적이 뛰어나지 않은 걸 용납하지 못했다. 큰애라서 거는 기대도 컸다. '네가 잘 되어야 동생도 잘 된다'면서 무언의 압박을 주기도 했다.

"엄마 아빠의 기대는 끝이 없어요. 제가 정말 열심히 해서 평균을 7점이나 올렸는데도 앞으로 더 열심히 하자고 하시는 거예요."

"부모님이 너에게 기대를 많이 하시는구나!"

"저는 정말 최선을 다해 노력하고 있는데, 엄마 아빠는 매일 이제 시작이라며 더 노력해야 한다고 하세요."

엄마 아빠 눈치가 보여 마음 편히 쉴 수가 없다고 한다. 부모님에게 매일 감시당하는 느낌이라는 것이다. 더 이상 기대하지 않게 성적이 확 떨어져버리면 편하겠다는 생각도 든다고 했다. 부모는 아이들에 대한 기대를 격려와 혼동한다. 결국 아이는 부담을 넘어 압박감을 느낀다.

"수고했다. 힘들었지. 피곤할 텐데 좀 쉬어라!"

뭔가 노력해서 성취를 이루어냈을 때 아이들이 가장 듣고 싶은 말이다.

"잘했어! 장하다! 앞으로 더 노력하면 성적이 계속 오를 수 있어. 우리 딸 파이팅!"

그런데 부모님이 이렇게 말씀하시면 아이들은 죽을 맛이다. 시험 끝난 지 얼마 되지도 않았는데 바로 공부하라고 방으로 밀어 넣어진 것 같은 느낌이 들기 때문이다.

이러한 경우 부모는 아무것도 모르고 안심한다. 우리는 아이를 야단치지 않고 격려하며 응원하는 좋은 부모라고 생각한다. 지나친 기대는 뭔가 더 큰 성과를 보여 달라고 야단치는 것이나 다름없다. 부모인 우리가 격려와 기대를 혼동하고 있는 것은 아닌지 되돌아보자. 아이에게 가해지는 부모님의 지나친 기대는 부담으로 작용하고 부담은 회피를 만들어내기 때문이다.

4. 다른 아이들과 비교하지 않는 엄마

우리들을 비교하지 마세요 – 아이들의 딜레마

"자녀들에게 부모의 사랑이란, 누군가와 나누어 먹어야 할 파이 조각이다. 부모는 온전한 파이를 한 아이마다 하나씩 준다고 생각하지만, 받아먹는 아이 입장에서는 한 조각만 먹는 심정이다. 부모의 사랑이 크다 함은 그 파이 조각이 다른 집에서 나눠주는 파이 조각보다 더 클 수는 있을지언정, 나누어 먹는다는 속성 자체가 변하는 것이 아니다. 파이 나누기의 특징은 항상 남의 것이 더 커 보인다는 것이다. 이것이 형제들 속에서 자라는 아이들의 딜레마이다."

– 삼성의료원 사회정신건강 연구소, 「박경순 칼럼」

“네 형처럼 공부만 잘해봐. 엄마가 사달라는 거 다 사주지.”

“언니처럼 숙제 좀 잘해봐. 그럼 엄마가 용돈 많이 주지.”

“옆집 준수는 이번에 100점 맞았다는데 너는 70점이 뭐야?”

그렇잖아도 나에게 오는 파이가 적은 거 같은데, 엄마는 사소한 것에서부터, 학교 성적이나 버릇까지, 형제, 자매, 친구들과 비교한다. 부모님들은 비교를 통해서 아이의 어떠한 행동을 촉진하고 변화시키려고 했겠지만 아쉽게도 효과는 전혀 없다. 오히려 역효과를 내는 경우가 다반사다.

제자 중에 글을 제법 잘 쓰는 아이가 있었다. 글쓰기 대회에 내보내고 싶어서 아이의 의사를 물었다.

“이번 대회에 한 번 나가볼래?”

아이가 선뜻 대답을 하지 못한다. 얼굴색도 별로 좋지 않다. 왜 그러는지 의문이 들었다. 평소 즐겁고 적극적으로 수업에 임했던 아이였기 때문이다. 거기다 실력도 탄탄하게 쌓아온 터라 “네! 좋아요!”라고 얼른 대답할 줄 알았다. 어느 날 아이가 좋아하는 간식을 만들어 먹이며 함께 이야기를 나누어보았다.

“너라면 잘할 수 있을 거 같은데. 나가기 싫은 이유라도 있니?”

아이가 한참을 머뭇머뭇하다 들려준 대답은 의외였다.

"만약에 제가 나가서 상을 못 받으면 어떻게 해요?"

"괜찮아. 상이 목적이 아니야! 그냥 좋은 경험한다고 생각하면 되는 거야."

그래도 아이는 거둔 미소를 다시 찾지 않는다. 그러다가 거의 기어들어가는 목소리로 닭똥 같은 눈물을 뚝뚝 흘리며 말한다.

"엄마는 꼭 상을 받아오길 바라세요."

상을 못 받으면 두고두고 언니와 비교당하고 비난을 듣는다는 것이다. 언니는 뭐든 잘한다고 한다. 공부도 잘하고, 운동도 잘하고, 피아노도 잘 치고, 글도 잘 쓴다고 한다. 언니에 비하면 자신은 잘하는 게 없다는 것이다.

수영이는 어려서부터 언니와의 비교 속에서 자라왔다. 뭐든 잘하는 언니로 인해 집에서 존재감이 없는 아이였다. 수영이는 마음속에 열등감이 너무 크게 자리 잡고 있어 자신에 대한 인정을 받아들일 수 없어 하는 것이다. 언니와의 비교로 난 마음의 상처가 너무 컸다. 마음 여기저기 화상을 입은 것이나 다름없었다. 화상으로 인해 상처와 흉터가 심하게 남은 환자 중 밖에 나가기 싫어하고 사람들을 만나기를 꺼리는 경우가 대부분이라고 한다. 그와 마찬가지로 수영이는 마음에 입은 상처와 흉터들로 인해 꼭꼭 숨으려 하고 있었다. 수영이 같은 아이들은 성급하게 세상 밖으로 끌고 나오려 해서는 안 된다. 마음의 상처들을 치료하는 것이 선행되어야 한다.

나는 대회 출전하려던 생각을 거두었고, 아이의 마음을 이해하고 공감해주었다. 선생님과 수업할 때가 행복하고 좋다고 한다. 다행이었다. 어머님과 상담을 요청해서 도움을 청하고 나도 수영이의 상처들을 씻어주기 위해 계속 노력했다. 그 뒤로 수영이는 물론 나에게도 큰 변화들이 생겼다. 수영이는 자존감이 나날이 좋아졌고 자신감을 찾아가고 있었다. 나 또한 아이들이 원하지 않는 이상 제자들을 각종 대회에 출전시키지 않기로 결심했다. 결국 그러한 대회들도 아이들을 줄 세우고 비교하는 것이라는 생각이 들었기 때문이다.

상처 난 아이의 자존감에 비교는 치명적이다

비교는 아이의 자존감에 큰 생채기를 내는 것과 동시에 부모와 자녀 간, 자녀들끼리, 친구들과의 사이도 나빠지게 만든다. 비교가 시작되면 양면의 감정이 아이들을 혼란스럽게 한다. 열등감과 우월감이다. 열등감과 우월감은 상당히 다른 감정 같지만 같은 맥락이다. 동일선상에 있는 것이다.

누구나 자신이 가지고 있는 장점과 단점을 알고 있다. 그것뿐만 아니라 형제자매 사이에서도, 친구끼리도 서로의 장점과 단점에 대해 어느 정도는 파악하고 있다. 그런데 묘한 것이 상대와 비교 심리가 작동하기 시작하면 나는 단점이, 상대는 장점이 두드러져 보인다는 것이다.

그런데 거기다 기름을 붓듯 엄마, 아빠, 선생님 등 어른들이 비교까지 하면 어떨까? 이미 스스로의 비교로도 자존감에 상처를 입고 있는 아이들이다. 비교는 반드시 상대가 존재한다. 비교가 경쟁 의식을 느끼게 하여 동기 부여를 촉진한다며 순기능에 대해 강조하는 사람들이 있다. 그러나 그것은 어떤 문제가 생겼을 때 문제 해결을 위해 노력하려는 지속적인 의지와 관심이 있을 때에 가능하다.

부모의 비교는 자식이 잘 되기를 바라는 마음, 즉 자녀에 대한 사랑으로 인해 생겨나는 것이다. 내 아이의 미래가 지금보다 나아지기를 바라는 마음, 내 아이 앞에 펼쳐질 어려움들을 미연에 방지하고 싶은 염원의 발로일 것이다.

그러나 그런 마음은 자칫 불안한 감정에 휩쓸리기 쉽다. 불안한 감정은 좋은 성적을 내기 위해 트랙에서 뛰고 있는 선수의 입장과 흡사하다. 옆에서, 앞에서 달리고 뒤에서 쫓아오고 있는 선수들과 견주고 비교하지 않을 수 없게 만든다. 그러나 내가 낳은 아이라 하더라도 아이의 인생을 대신 살아줄 수는 없다. 대신 달려줄 수는 없는 것이다. 스스로 걷고 달리고 넘어지고 일어서야 한다.

스스로 자기의 길을 걸어갈 때 자신만의 인생을 살아갈 수 있는 힘을 갖게 된다. 그 과정에서 성취감을 맛보고 실패를 극복하면서 자신에 대한 믿음이 생기는 것이다. 친구가, 동료가 나보다 지금 당장 좀 앞서가더라도 흔들림 없이 자신의 길에서 정진할 수 있는 의연함을 키울 수 있다.

비교를 멈추고 아이들마다의 색깔을 존중하라

인류에 지대한 영향을 끼친 아인슈타인은 초등학교 시절 담임선생님에게 친구들과 비교 당하면서 '어느 분야에서도 성공하지 못할 아이'라는 혹평을 받았다. 하지만 아인슈타인의 어머니는 끊임없는 격려와 믿음으로 아인슈타인을 응원했다. 결국 그는 많은 비판과 비난을 물리치고 노벨물리학상을 받았고, 세계적인 천재 물리학자로 이름을 날렸다. 아이슈타인의 어머니가 담임선생님 말을 듣고 꾸짖고 비난하고 비교했다면 지금의 아인슈타인은 없었을 것이다.

우리 아이가 성공하길 바라는가?
우리 아이가 행복한 인생을 살기를 바라는가?
우리 아이가 희망적인 삶을 살아가길 바라는가?
그렇다면 비교를 멈추라. 비교를 멈추면 불안한 감정이 사라진다. 자녀를 대하는 태도에 적당한 거리를 둘 수 있는 여유를 갖게 된다. 피곤하지도 외롭지도 않을 적당한 거리 말이다.

우리 아이가 성공하길 바라는가?
우리 아이가 행복한 인생을 살기를 바라는가?
우리 아이가 희망적인 삶을 살아가길 바라는가?
그렇다면 비교를 멈추라.

얼마 전 약속이 있어 키즈 카페에 가게 되었다. 삼삼오오 엄마들이 모여 앉아 이야기꽃을 피우고 있었다. 옆에서 아이들은 자기들끼리 놀고 있었다. 의식한 것은 아닌데 자리가 가까워 자연스럽게 이야기 소리가 들려왔다.

"그 집 애는 밥을 잘 먹으니 얼마나 좋아요. 우리 애는 편식도 심하고, 밥 먹일 때마다 쥐어박고 싶어요."

아이도 엄마의 얘기를 들었을 것이다. 이렇게 아이들은 부지불식간에 비교를 당한다.

밥을 안 먹는 그 마음을 공감해줄 수는 없는 것인가?

"너의 입맛에 음식이 맞지 않는구나!"

"지금은 배가 고프지 않구나?"

누구와 비교선상에서 우위에 서야 만족할 수 있고 행복할 수 있는 아이를 만들고 있는 것은 아닌지 돌아봐야 한다.

부모들이 이러한 태도는 아이들이 성장해서까지 영향을 미친다. 친구나 동료의 성장이나 성취를 보고 기쁘고 즐거워하는 대신 불행해하고 좌절하게 만든다. 친구의 승리는 내가 지는 것이 되기 때문이다. 다른 친구의 행복이 왜 우리 아이의 불행이 되게 해야 하는가 말이다. 아이들은 각자의 색깔이 있다. 자신만의 색깔을 존중받고 자랑스럽게 여길 수 있게 하자.

'세상 사람이 다 안 믿어 줘도 우리 부모만은 나를 믿어준다. 세상 사람이 다 나를 문제삼아도 우리 엄마는 나를 사랑한다.' 자식이라면 이렇게 부모를 탁 믿을 수 있어야 합니다.

– 법륜 스님, 『엄마 수업』

5. 잘 들어주고 따뜻하게 말하는 엄마

아이들은 언어로 감정을 충만하게 느끼고 싶어 한다

언어에는 두 가지 종류가 있다. '내적 언어'와 '외적 언어'다. 내적 언어는 소리 내지 않는 언어, 마음속에서 사용하는 언어를 의미한다. 반면에 '외적 언어'는 소리 내는 언어로 타인과 의사소통 등에 사용하는 언어를 뜻한다.

우리가 아이를 키우면서 주목해야 할 것이 '외적 언어'라고만 생각할 수 있다. 실은 그렇지 않다. 말을 할 때 뇌에서 활동하는 곳은 '브로카 영역'이고 그 단어를 이해하는 곳은 '베르니케 영역'이다. 소리 내서 말할 때 우리의 뇌는 최고의 상태가 된다. 왜냐하면 말만 하는 것이 아니라 뇌의 청각 영역도 활성화되기 때문이다.

우리는 영화, 아름다운 풍경, 맛있는 음식, 좋은 책을 읽고 감동한다. 그런데 감동을 그저 '내적 언어'인 혼자만의 대화로 끝내면 뭔가 부족하다고 느낀다. 감동을 누군가에게 말이나 글로 표현해야 한다. '외적 언어'로 전달할 때 비로소 감동이 완성되어진다.

뭔가 잘한 일이 있으면 자랑하고 싶어지고, 멋진 곳에 여행을 다녀왔거나 맛있는 음식을 먹었으면 혼자 만족하고 끝내고 싶지 않다. 그래서 사람들은 누군가에게 말을 하거나 사진을 올리고 글로 쓴다. 감동의 완성에 대한 욕구 때문이다. 그 욕구가 충족될 때 감정의 충만감을 느끼게 되는 것이다.

아이들이 좋은 성적을 내면 성적표를 흔들며 엄마에게 자랑하려는 것도, 그림을 잘 그려 상을 타면 상장을 식탁 위에 '떡'하니 올려놓는 것도, 선생님에게 칭찬을 받았으면 종알종알 엄마 앞에서 떠드는 것도 모두 감동을 충만하게 느끼려는 시도이다.

엄마의 말투가 아이를 행복하게도, 불행하게도 만든다

예전에 내가 살던 아파트에 누구의 말이나 끝까지 잘 들어주고, 언제나 부드럽고 온화하게 말하는 석이 엄마가 있었다. 한 번도 화난 말투나 건조하게 말하는 걸 들어보질 못했다 학교 선생님으로 재직 중이었는데 '저 선생님에게 배우는 아이들은 참 행복하겠다.' 싶었다. 석이가 우리 집 아이와 친하게 지내서 자주 놀러오곤 했는데 아이 또한 엄마의 말투와 똑같았다. 7살짜리가 어쩜 그리 억양과 말을 부드럽게 구사하는지 놀라웠다. 놀이에 석이가 끼어 있으면 아이들끼리 놀면서 트러블이 적었다.

이와는 반대로 늘 무뚝뚝하게 말하고 남의 말을 끝까지 듣지 않는 인수 엄마가 있었다. 처음에는 함께 말을 섞다가 오해를 했었다.

'뭔가 나에게 기분 나쁜가?'
'나에게 불만이 있나?'

그런데 매사가 그랬다. 하물며 마트에서 물건 값을 물어보면서도 점원에게 화를 낸 적도 했다. 그 직원은 계속되는 인수 엄마의 화난 말투에 "저는 고객님 몸종이 아닙니다!"라며 불쾌함을 드러내기도 했다.

인수 엄마에게는 고약한 말버릇이 또 있었다. 끝까지 남의 말을 듣지 못하고 성질 급하게 끼어드는 일이 많았다. 어느 날 인수네 집에서 점심으로 부추 전을 해먹기로 하고 다들 모였다. 급한 성질대로 우리는 근처에도 못 오게 하고 그 많은 전을 후다닥 맛나게 부쳐서 식탁에 올렸다. 고소한 냄새가 코끝을 자극했다. 함께 올라 온 얼음이 둥둥 뜬 식혜가 더욱 식욕을 자극했다.

우리가 "잘 먹을게요."라고 말하고 젓가락을 들려는 순간이었다. 인수와 인수 동생이 다가와 자기들도 먹겠다고 했다. 그러면서 뭐라고 얘기를 이어가려고 하는데 인수 엄마는 가차 없이 아이의 말을 잘랐다. 그냥 접시에 전이라도 좀 담아서주면 될 것을 그것도 하지 않았다. 화가 난듯한 목소리로 쏘아 붙였다.

"저리가! 지금 어른들 얘기하고 있잖아! 너희들은 조금 아까 밥 먹었잖아. 가서 숙제해!"

우리가 당황해서 물었다.
"왜 그래?"
"뭐가?"

오히려 반문한다. 요즘 아이들 사이에서 어이없는, 놀란, 황당함의 뜻으로 쓰이고 있는 말을 빌리자면 "헐!"이었다.
"몰라서 묻는 거야?"

정말 모르는 거 같았다. 엄마의 반응에 아이들이 어떤 표정이었는지, 눈빛이 어땠는지 봤다면 그렇게 못했을 것이다. 시간이 흘러 아이들도 커서 중학생이 되었다. 그러던 어느 날 인수 엄마가 전화통을 붙들고 하소연을 했다. 아이들이 엄마와 얘기를 하지 않으려 한다는 것이다. 좀 컸다고 엄마 말을 무시하고 들은 대꾸도 하지 않는다는 것이다. 내

 엄마의 행복한 감정공부 완벽한 엄마보다 행복한 엄마가 되라

가 해준 말은 딱 4글자였다.

'인과응보.'

성공하는 사람에게는 빠뜨릴 수 없는 조건이 하나 있다. 뛰어난 스펙, 좋은 머리, 멋진 외모가 아니다. 우리가 살면서 체득해온 언어이다. 말로 사람들을 대하고 자신에게 주어진 일을 처리한다. 상대의 말을 중간에 끊지 않고 끝까지 들어주고 상대의 입장을 생각하면서 대화해야 하는 것이다.

우중충한 그림물감을 가지고 있는 사람과 형형색색의 따뜻하고 예쁜 색깔을 가지고 있는 사람 중 누가 그림을 잘 그릴 수 있을까? 말도 마찬가지다. 화난 말투, 배려심이라고는 눈꼽만큼도 없는 말은 어둡고 칙칙한 물감을 가지고 있는 것과 같다. 상대를 배려하는 온화한 말투는 따뜻하고 고운 색깔의 물감과 같다. 어느 색을 선택해서 내 아이를 색칠할지는 엄마의 입버릇에 달려 있다.

꾸준한 대화로 아이의 마음에 접속하라

아이에게 어떤 집에 살게 할지, 어떤 사교육을 시킬지, 어떤 장난감을 사줄지 하는 것보다 더 중요한 것이 있다. 아이들에게 따뜻하게 말하고 아이들 말을 끝까지 들어주는 것이다. 그런 엄마 아빠의 모습을

"나도 이제 몰라요! 말하려고 하면 언제나 바쁘다고 했잖아요!"

보면서 아이들은 남의 말을 잘 들어주는 사람, 내 의견을 부드럽게 표현할 수 있는 방법이 무엇인지를 배우고 체득하게 된다.

성호는 오늘도 엄마와 번번이 갈등을 빚자 문을 박차고 밖으로 나왔다. 엄마와의 갈등으로 감정이 격해질 때는 충동을 자제하기 위해 우선 집 밖으로 나온다고 한다. 놀이터에 가서 한참을 앉아 있다가 갈 데가 없어서 선생님에게 왔다고 했다. 아직 수업 중이라 다른 교실에서 잠시 기다리라고 했다. 그런데 수업을 마치고 나오니 아이가 없었다. 대신 책상 위에 메모지 한 장이 놓여 있었다.

'선생님, 답답해요. 저 어쩌죠?'

이게 다였다. 바로 전화를 했지만 받지 않았다. 성호는 고등학교 2학년이다. 지금 한참 대입 준비에 집중해야 할 시기에 답답하다며 방황하고 있었다. 성적이 떨어져도 문제가 되지 않을 만큼 아이의 생활은 엉망이었다.

성호 아빠는 회사 일로 늘 바쁘다. 아침 일찍 출근하면 밤 12시가 다 되어서 들어온다. 그러니 성호의 문제는 늘상 엄마와의 전면전이 되었다. 아빠는 이따금 "공부는 잘하고 있지?" "학교 생활 잘하고 있지?"라고 한마디 지나듯 묻는 게 다였다. 그날 성호는 집에 들어오지 않았고 아빠도 성호와 엄마 사이의 갈등이 심각하다는 것을 그제서야 알게 되었다.

"애가 저 지경이 되도록 집에서 당신은 도대체 뭐 한 거야?"

"당신은 뭘 얼마나 신경 썼다고 큰소리 쳐요? 당신이 나 탓할 자격이 있어요?"

"내가 나 혼자 좋자고 날마다 바쁘게 일했어! 출장으로 내부 일로 이리저리 바쁜데 시간이 어디 있냐구!"

"나도 이제 몰라요! 말하려고 하면 언제나 바쁘다고 했잖아요!"

성호는 부모님과 대화가 통하지 않는다는 말을 여러 번 했었다. 무슨 말을 하던지 자기 말은 철이 덜 든 아이가 하는 말로 취급한다고 했다. 학원이 너무 많아 힘들다고 하면 엄마와 아빠는 번갈아 가면서 이렇게 말했다.

"너만 학원 다녀? 그것도 못 참으면 세상을 어떻게 살아갈 거야?"

"네 학원비 버느라 아빠는 쉬지도 못하고 일하는데 아빠 앞에서 그게 할 소리야!"

성호는 부모와의 대화 부재로 정성적인 안정감이 결여되어 있었다. 엄마 아빠가 자신을 사랑하지 않는다고 생각하고 있었다. 아이들은 엄마나 아빠가 자신을 말을 끝까지 잘 들어줄 때 자신이 사랑받고 있다고 믿고 자존감이 상승한다. 부모의 입에서 나오는 언어의 힘은 상상 그 이상이다. 아이들에게 소통의 다리를 놓자.

"그랬구나!"
"많이 피곤하구나!"
"어떻게 했으면 좋겠니?"

아이들과 소통을 잘한다는 것은 아이들 마음에 잘 접속한다는 것이다.

6. 가능성과 꿈을 믿어주는 엄마

첫 발걸음처럼, 아이의 모든 발걸음을 응원하라

아이가 뒤집기, 기어 다니기, 잡고 일어서기 단계를 거치면 부모는 빨리 걸었으면 한다. 아이는 돌이 될 무렵이 되면 걸음마를 시작한다. 아이가 위태롭게 한 발짝 한 발짝 옮겨놓을 때마다 보기만 해도 탄성이 절로 나온다. 넘어질 듯 말 듯 한 발짝을 떼어놓는 걸 보면 그렇게 기특할 수가 없다. 지켜보는 부모는 감탄하느라 혼이 반은 나간다.

"잘한다, 잘한다! 그렇지, 예쁜 우리 아기!"

아이가 어렸을 때는 걸음마 떼는 것만으로도 응원하고 무한한 사랑을 준다. 그러나 아이가 점점 자라면 엄마의 기대도 아이와 함께 자란다. 문제는 아이가 걷다가 넘어지면 아기 때처럼 응원을 보내지 않는다는 것이다. 대신 꾸중을 하고 비교를 한다. 실패로 누구보다 크게 낙심한 사람은 아이인데도 말이다.

아이의 꿈은 어떤 상황에서도 피어난다

중학교 2학년인 희수의 성적은 상위권에 속했다. 부모님은 당연히 기대가 컸다. 조금만 더 열심히 노력해서 특목고를 가길 바라셨다. 하지만 희수는 요리 학교에 가고 싶어 했다. 요리하는 걸 너무 좋아했다. 공부로 스트레스를 받거나 친구와 다투어 기분이 좋지 않을 때에도 요리를 하면 언제 그랬냐 싶게 말끔하게 좋아진다고 했다. 요리에 관한 아이 쇼핑도 참 좋아했다. 예쁜 그릇을 보면 그 앞을 떠날 줄 몰랐다. 각양각색의 식재료 앞에서는 얼굴에 미소가 가득했다.

수업에 공백이 생겨 희수와 함께 간식거리를 사러 갔다. 이것저것 사는데 갑자기 희수가 보이지 않았다. '얘가 어디 간 거야? 빨리 가야 하는데……' 두리번두리번 거리며 희수를 찾아도 보이지 않았다. 전화기를 두고 와서 전화를 할 수도 없었다. 뛰어다니며 이곳저곳 찾아보는 수밖에 없었다.

저 멀리 희수의 갈색 상의가 눈에 들어왔다. 희수는 선생님이 가까이다가가는 것도 모르고 뭔가에 몰입하고 있었다. 희수의 손에는 예쁜 접시가 들려져 있었다. 그것을 요리조리 뜯어보고 있는데 눈에서는 당장 레이저라도 나올 거 같았다.

"희수야, 가자."

꼼짝을 안 한다.

"희수야! 가자!"

그제야 마지못해 따라오는데 시선이 자꾸 서 있던 자리에 머문다.

"희수야 하나 사줄까?"

"네? 정말요?"

"그럼, 가서 맘에 드는 걸로 골라 갖고 와."

희수는 물 만난 고기처럼 폴짝폴짝 뛰어가더니 아까 그 접시를 들고 온다.

희수는 내가 간식을 만들어주면 그 속에 들어간 재료들을 척척 맞힐 정도로 미각이 뛰어났다. 한 번은 희수에 대한 배려로 요리 수업을 한 적이 있었다. 주먹밥 만들기였다. 각종 야채와 양념한 고기를 볶고, 양념한 밥과 함께 섞어서 틀에 찍어 각종 모양을 만드는 것이었다. 야채를 다지는 손끝도 어른 못지않게 야무졌고 야채를 익히는 손길도 섬세했다. 다른 아이들은 주먹구구식으로 하려는 반면 희수는 불의 온도,

야채의 익힘 정도 등을 일일이 체크했다. 물론 빚은 모양도 다른 아이들에 비해 월등했다. 궁금해서 희수에게 질문을 했다.

"집에서도 이렇게 진지하게 요리하는 모습을 부모님이 자주 보시니?"
"네, 여러 번 요리하는 걸 도와드린 적이 있어요. 그런데 엄마가 공부나 하라고 해서 많이는 못 해요."

희수의 요리하는 진지한 모습을 보시고도 반대하시는 게 안타까웠다. 희수가 요리에 대한 꿈이 얼마나 간절한지를 눈으로 확인할 수 있기 때문이다.

희수가 그렇게 갈망하던 요리사에 대한 꿈은 어쩔 수 없이 접어야 했다. 부모님의 뜻을 희수가 꺾을 수는 없었다. 열심히 공부하는 듯했지만 부모님이 바라시던 특목고의 꿈은 이루지 못했다. 지금은 일반고에서 대입을 위해 공부하고 있다.

겉으로 보기에는 희수가 자신의 꿈을 포기하고 공부에 집중하는 듯 보이지만 나는 알고 있다. 희수가 부모님에게 대항할 용기와 힘이 생기면 자신의 꿈을 향해 거침없이 전진할 것이라는 것을 말이다. 마트에서 본 희수의 눈빛에서, 요리 수업하던 희수의 손끝에서 꿈에 대한 열망을 느꼈기 때문이다.

가장 버거운 시기를 보내고 있는 아이들을
믿어주고 응원해주는 엄마가 되자.
'너를 믿는다.' '네가 어떤 모습이든지 엄마 아빠는 너를 사랑한다.'

아이들을 삶의 주인으로 살게 하라

공부와 관련된 직종이 아닌 이상 아이들의 꿈은 무시당하거나 공감 받기가 쉽지 않다. 성적이 먼저고 좋은 대학에 가야 하는 것이 평가 기준이 되고 있기 때문이다. 인생에서 정말 중요한 것은 자기가 진정으로 하고 싶은 것, 잘 하는 것을 발견하는 것이고, 그것을 위해 열정적으로 사는 것이 삶의 주인이 되는 길인데도 말이다.

어른들은 "네가 무슨 걱정이냐, 공부만 열심히 하면 엄마 아빠가 다 지원해주는데!"라고 하지만 아이들이 짊어진 걱정과 무게는 생각보다 훨씬 무겁다. 성적이 아이들의 존재를 휘두르고 어른들의 기대가 가치를 규정하는 현실 앞에서 아이들은 자신의 꿈을 얘기할 엄두를 내지 못한다.

"무작정 앞으로 달려 나갈 수도

그렇다고 앉아서 움츠러들 수도 없는 불안.

그렇다.

20대는 인생에서 가장 고민이 많은

가장 버거운 시기다."

김난도 교수의 『아프니까 청춘이다』에 실린 이 글이 어찌 20대에게만 해당되는 말이겠는가. 위 글 속의 20대를 10대로 바꾸면 어떨까?

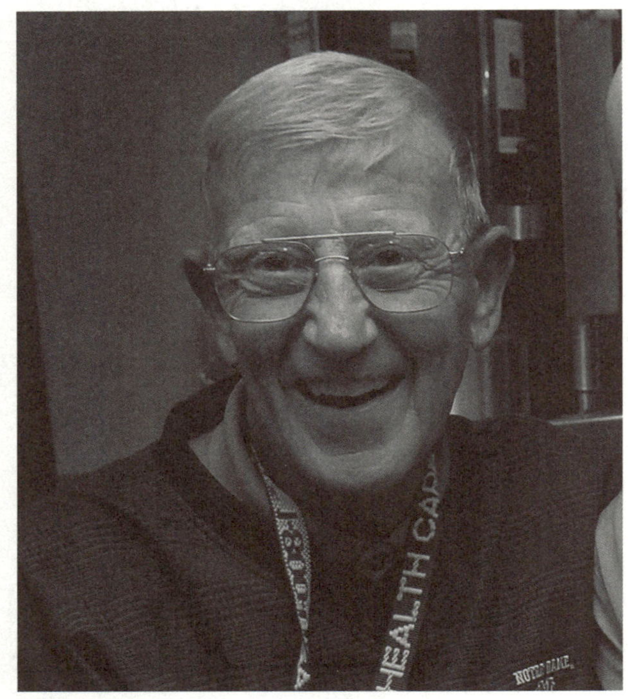

루 홀츠

한 풋볼 팀이 중요한 경기에서 21점 차로 지고 있었다. 팀의 모든 선수들과 코치진은 그날의 게임을 포기하고 다음 게임에 대비한다는 생각으로 오직 경기가 끝나기만을 기다리고 있었다. 그러나 헤드 코치 루 홀츠의 생각은 달랐다.

그는 선수들을 불러 모아 "오늘 우리가 이 경기를 역전승으로 마무리할 수밖에 없는 이유를 생각나는 대로 말해보게!"라고 요구했다. 처음엔 모두가 묵묵부답이었다.

그러나 잠시 후 선수들은 그날 자신들이 이길 것 같은 이유를 한 가

  완벽한 엄마보다 행복한 엄마가 되라

지씩 말하기 시작했다. 한 시간이 지나자 그 이유들이 50가지를 넘어섰다. 그들은 질 수밖에 없는 이유들을 버리고 이길 수밖에 없는 이유들에 집중하기 시작했고, 그 결과 실제로 경기에서 이겼다.

아이가 크고 작은 실패나 실수로 낙담하고 있을 때 풋볼 팀의 코치 루 홀츠처럼 아이들에게 긍정적인 응원의 메시지를 전하자. 인생에서 최후의 승리를 거두는 사람은 강한 사람이 아니라 끝까지 포기하지 않는 사람이다.

무언가 뜻대로 되지 않아 실망하고 있는 아이, 어떤 상처로 인해 말 못하고 힘들어 하고 있는 아이, 실수를 저질러서 당황하고 있는 아이, 부모의 맞벌이 때문에 늘 외톨이로 지내는 아이, 학원 순례로 지친 아이, 운동을 못해 자신감이 없는 아이 등 가장 버거운 시기를 보내고 있는 아이들을 믿어주고 응원해주는 엄마가 되자. '너를 믿는다.' '네가 어떤 모습이든지 엄마 아빠는 너를 사랑한다.' '네가 훌륭한 사람이 되리라 확신한다.' '난 네가 정말 자랑스러워' 등의 말을 아이들은 너무도 듣고 싶어 한다.

엄마는 때로 어리석을 필요가 있다

많은 사람들에 주옥같은 노래를 들려주는 '양파'는 어린 시절 가수가 되는 것이 꿈이었다. 하지만 부모님의 기대를 무시할 수 없어 외교관을 목표로 공부했다고 한다. 그러나 그녀는 결국 자신의 꿈대로 노래를 마음껏 부르는 가수가 되었다. 그 과정에서 양파가 부모와 겪었을 갈등이 적지 않았을 것이다.

때로는 어머니들이 좀 어리석었으면 좋겠다. 코앞에 있는 현실을 좇는 게 아니라 아이의 가능성을 믿어주고 우직하게 기다려줄 수 있는 조금은 우둔한 부모였으면 좋겠다. 많은 청소년들이 부모의 속도 앞에 좌절한다. 부모들은 엄살이라고 치부하고 싶어 하지만 부모의 조급함은 아이들에게 낙담으로 남는다.

7. 도전을 끝까지 응원해주는 엄마

"우리가 우리 아이들에게 줄 수 있는 가장 큰 선물은

우리가 가진 귀중한 것을 아이들과 함께 나누는 것만이 아니라

자기들이 얼마나 값진 것을 가지고 있는지 스스로 알게 해주는 것이다."

– 아프리카 스와힐리 격언

부모의 응원이 아이를 일으켜 세우는 힘이다

나는 초등학교를 6살에 들어가는 바람에 친구들에 비해 모든 게 불리했다. 키도 너무 작았고, 공부는 따라가기 벅찼고, 달리기를 하면 늘 꼴찌였다. 넘어져서 무릎이 깨지고 친구들의 놀림감이 되곤 했다. 그러다 보니 1학년 말에 학교 다니기를 그만두고 나왔다.

다다음 해에 중퇴했던 초등학교를 다시 입학했을 때 나는 달리기에서 꼭 1등을 하고야 말리라 다짐했다. 넘어져서 무릎이 깨지고 친구들의 놀림거리가 되었던 시간을 치유받고 싶었다. 친구들과 놀 때도 달리기 시합을 하자고 아이들을 설득했다. 달리기를 하면 키도 커지고 건강해진다고 설명하면 친구들도 마다하지 않았다. 놀면서도 연습을 한 것이다.

드디어 달리기 시합이 열리던 날 나는 트랙 앞에 섰다. 심장이 콩닥콩닥 뛰었다. 출발 신호가 떨어지고 죽을 힘을 다해 달렸고, 드디어 감격의 1등을 했다. 그것도 2등과 엄청난 차이를 벌리며 테이프를 끊은 것이다. 그때의 기쁨은 말로 표현하기가 힘들었다.

키가 작다는 이유로 땅꼬마라는 놀림을 당하고, 넘어져서 무릎이 깨지고 울었던 상처들이 깨끗이 씻기는 듯했다. 그다음부터 달리기에서 1등을 놓치지 않았다. 반의 대표를 넘어 학년 대표, 운동회의 계주 대표 주자로 뽑혀 나갔다. 나중에는 육상부에서 스카웃 제의가 들어와서 도망다니느라 행복한 고생을 해야 했다.

그러다 우리 학교의 운동회 날이 찾아왔다. 그날은 날도 맑고 하늘도 높은 날이었다. 운동회 날이면 동네의 아주머니, 아저씨, 할머니, 할아버지 등 온 가족이 도시락을 싸들고 총 출동했다. 그야말로 학교 축제이자 마을의 축제였기 때문이다. 형형색색의 풍선과 장난감이 시선을 자극하고 신나는 음악이 마음을 들뜨게 했다.

나는 운동회의 백미인 계주의 대표로 뽑혀 출전했다. 운동회의 피날레를 장식하는 계주에는 운동장에 모인 모든 사람의 시선이 집중된다.

응원의 함성도 기대도 어마어마하다. 그런데 우리 팀이 뒤처지고 있었다. 내가 그걸 극복하고 1등으로 만들어야 했다. 마지막 주자였기 때문이다.

모두의 시선과 기대가 내게 쏠려 있었고, 승부를 결정짓는 키를 내가 쥐고 있었다. 레인 앞에 섰다. 심장이 얼마나 뛰던지…. 하늘이 빙빙 도는 것 같았다. 우선 배턴을 놓치지 않게 잘 받아서 달려야 했다. 긴장하다 보면 배턴을 받다가 놓치는 일이 발생하기 쉽기 때문이다.

숨을 내쉬고 들이쉬고를 반복하면서 긴장을 해소하기 위해 노력했다. 지금 달리고 있는 친구가 벌어진 거리를 조금이라도 좁혀준다면 가능성을 점쳐볼 만했다. 그런데 기대와 달리 친구는 서서히 뒤처지고 있었다. 상대 팀을 치고 나가기에는 운동장 한 바퀴가 주는 시간이 너무 짧았다.

'제발! 제발! 더 이상 간격이 벌어지지 않기를!'

간절하게 바랐다. 하지만 기대와 달리 우리 팀이 자꾸 힘을 잃어 가고 있었다. 간격은 점점 벌어졌다. '휴, 어쩌지…. 내가 마지막 주자인데…….' 내가 따라잡지 못하면 승부는 거기서 끝이었다.

"청군 이겨라!"

"백군 이겨라!"

좌절하고 싶을 때마다, 포기하고 싶을 때마다
당시 아버지의 간절한 목소리를 떠올린다.
함께 달리며 외쳐주시던 응원의 목소리를 잊을 수가 없다.

함성이 운동장을 가로질러 내 귓전에 파고들었다. 사람들은 레인 주위로 모여 들었고 운동회의는 클라이막스를 향한 열기로 폭발 직전이었다. 우리 팀을 응원하던 사람들은 그쯤 기대를 접었을 것이다. 하지만 나는 끝까지 해보자고 마음 먹었다. '해내야 한다.' '할 수 있다.' '침착하자.' 나도 모르게 중얼중얼하고 있었다. 심장이 터질 것 같았다.

내 옆에 있던 상대 팀은 배턴을 받아 어느새 저만치 달리고 있었다. 달리지 못하고 출발 선상에 서 있으려니 답답해 미칠 지경이었다. '나는 달리고 싶다!'라는 말이 절로 나올 지경이었다. 배턴을 받기 위해 미리부터 손을 뻗고 애타는 마음으로 발을 동동 구르고 있었다. '아…. 친구야, 빨리 빨리! 조금만 더 힘을 내! 제발!'

드디어 배턴을 이어 받았다. 근데 경쟁자와의 거리가 너무 벌어졌다. 그래도 최선을 다해봐야 했다. 정말 죽을힘을 다했다. 막다른 골목까지 밀린 숨이 심장을 강하게 압박했다. 죽을 것만 같았고 이젠 더 이상 못하겠다는 생각이 들 때였다.

"우리 딸 힘내!"

"우리 딸은 할 수 있다!"

간절한 목소리가 들려왔다. 아버지의 목소리였다. 아버지가 나를 따라 달리고 있었다. 달리며 간절하게 외치고 있었다. 수많은 함성 속을 가로질러 내게 또렷이 들려왔다. 그 순간 정신이 번쩍 났다. 숨이 가쁘고 힘들어서 심장이 터질 것 같았지만 달리고 달렸다.

"와! 와아!"

"와!"

관중들의 함성이 지축을 흔들었다. 운동장은 광란의 도가니 같았다. 드디어 내가 승리를 만들어낸 것이다. 불가능을 가능하게 만들었다.

글을 쓰고 있는 지금도 눈물이 쉴 새 없이 줄줄 흐른다. 우리 팀에게 승리를 안겨준 기억 때문이 아니라 아버지의 목소리가 생생하게 들려와서다. 세월이 많이 흘렀지만 아버지의 함성만은 현장에 있는 것처럼 생생하다.

좌절하고 싶을 때마다, 포기하고 싶을 때마다 당시 아버지의 간절한 목소리를 떠올린다. 함께 달리며 외쳐주시던 응원의 목소리를 잊을 수가 없다. 그런 아버지를 실망시키고 싶지 않다는 마음이 지금까지도 나를 일으켜 세우는 힘이 되고 있다.

등 뒤에서 찬란하게 빛나는 태양을 볼 수 있게 하라

현재 고등학교 2학년인 승혁이는 학교 생활도 잘하고 친구와도 잘 지내는 편이다. 그런데 집에만 오면 가족들과 대화를 하려 하지 않는다. 부모님은 맞벌이로 바쁘다 보니 시간이 지나면 좋아질 거라고 생각하고 지냈다. 그러나 시간이 지날수록 나아지는 게 아니라 점점 심해졌다. 동생과도 자주 싸워 집안 분위기를 어둡게 만들었다.

승혁이는 기타를 배우고 싶어 하고 작곡가를 꿈꾼다. 하지만 부모님의 반대로 마음에도 없는 학원을 여기저기 다니느라 바쁘다. 지난 겨울 방학에는 기타를 배우는 문제로 엄마와 심하게 다퉜다. 그 뒤로 엄마는 물론 가족들과 이야기를 하지 않으려 한다.

엄마와 싸웠는데 모든 가족들에게서 등을 돌린 이유가 궁금했다. 엄마와 다투는 과정에서 그 누구도 자신의 마음을 이해해주는 사람이 없었다는 것이다. 이해는커녕 비난과 비판을 쏟아붓는 바람에 서러워서 숨죽여 밤새 울었다고 한다. 가족들은 항상 그런 식이라며 고개를 떨구는 모습이 안쓰러웠다.

승혁이 어머님은 아들과의 문제가 무엇인지 잘 모르고 있는 것 같았다. 사춘기라서 예민하게 행동하는 것이라고 생각하고 있었다. 승혁이가 동생과 사이가 나빠진 것은 엄마, 아빠가 싸울 때마다 동생 편을 들었기 때문이었다. 승혁이는 집안에서 왕따가 된 기분이라고 했다. 동생이 하는 일은 칭찬하고 격려를 많이 해주지만 자신이 무엇을 하겠다고 하면 비판부터 한다고 했다.

승혁이와 동생은 터울이 좀 있다. 승혁이는 고등학생이지만 동생은 늦둥이라서 아직 초등학생이었다. 부모는 형제 둘이서 싸우면 어린 둘째를 안쓰럽게 여겼던 것이다. 그리고 승혁이는 대입을 앞둔 고등학생인데 공부는 안 하고 어린 동생하고 싸우고 있는 게 한심하게 느껴졌다고 한다.

하루하루 바쁘게 살다 보니 승혁이와 대화를 나눌 시간이 없었다. 서로의 마음과 생각을 모르니 오해와 상처가 켜켜이 쌓여갔다. 가족 구성원 간의 일상적인 다툼이나 의견 충돌은 있을 수 있다. 다만 누구도 자기편이 아니라는 생각이 드는 게 문제를 만든다. 이런 경우 아이들은 좌절감과 상실감으로 인해 입을 닫아버리고 자기만의 세계에 빠져든다.

내가 너를 이해하고 있다는, 네 마음을 알고 있다는 신호를 보내줘야 한다. 반대를 하더라도 공감을 먼저 해준 다음 이유를 설명해주고 반대를 해야 한다. 부지불식간에 동생 편을 들었다면 형의 속상한 마음을 공감해주고 사과해야 한다.

'아이들은 뜨는 해를 등지고 걷는다. 몸집이 작은데도 큼직한 그림자

가 앞서가고 있다.'

　미셸 투르니에가 한 말이다. 해를 등지고 그림자를 보고 걸어야 하는 아이들에게 부모인 우리가 '힘내라!'라고 격려해주자. '할 수 있다.'고 응원해주자. 아이들이 자신의 등 뒤에서 찬란하게 빛나고 있는 태양을 볼 수 있게.

인생의 지혜 한 줄

예찬보다 더 좋은 것은 없다. 어떤 아름다운 음악가, 한 마리 우아한 말, 어떤 장엄한 풍경, 심지어 지옥처럼 웅장한 공포 앞에서 완전히 손들어버리는 것, 그것이 바로 삶에 의미를 부여하는 것이다. 예찬할 줄 모르는 사람은 비참한 사람이다.

– 미셸 투르니에, 『예찬』

8. 가슴 뛰는 꿈을 가지고 사는 엄마

– 에이브러햄 링컨

꿈이 있는 엄마가 꿈이 있는 아이를 키운다

엄마인 우리도 결혼 전 꿈으로 인해 가슴 설레고 잠 못 이루던 날들이 있었을 것이다. 그러나 결혼을 하고 엄마가 되면서 누구의 엄마, 누구의 아내로, 어느 집안의 며느리로 살면서 자신에 대한 탐색이 소멸되거나 희석되어진 것이다. 누군가를 보살피고, 내조하고, 섬겨야 하는 공동체의 구성품처럼 되어버렸다. 의무와 책임은 넘치지만 '나'에 대한 고민이 없는 삶을 살게 된 것이다.

엄마가 자신에 대한, 또는 자신의 삶에 대한 탐색이나 고민이 없이 살게 되면 그 영향은 고스란히 아이들에게 전달된다. 자녀 양육의 실질적 주도권을 쥐고 있는 사람은 엄마다. 엄마가 먼저 꿈이 가져오는 행복과 세상에 미치는 영향을 정의하고 감지할 수 있어야 한다. 그럼 내 아이가 드림워커로 자랐으면 하는 엄마의 소망은 저절로 이루어진다.

아이 키우기에 눈코 뜰 새 없이 바빴던 시절 나는 매일 배달오는 신문을 기다렸다. 아이들 키우고 살림하느라 세상과 단절된 듯한 삶을 살고 있었기 때문이다. 그런 나에게 새벽에 현관 앞에 놓인 따끈따끈한 일간지들은 매일 찾아오는 반가운 손님과도 같았다. 세상에서 일어나는 각종 사건과 뉴스를 전해주고 다른 사람들의 생각을 읽을 수 있는 기회를 제공해주었기 때문이다.

신문들을 들고 다니면서 틈나는 대로 읽었다. 아들을 수영장 데리고 가는 차 안에서 아이가 친구들과 어울리고 있는 짬을 이용해 사설 한 면을 읽었고, 놀이터에서 아들이 또래들과 모래 장난에 빠져 있는 자투리 시간을 이용해 토픽 뉴스를 읽었다.

그러던 어느 날 놀라운 일이 벌어졌다. 아들이 엄마와 똑같은 포즈로 앉아서 신문을 펼쳐 읽고 있는 것이다. 어린아이가 글씨가 빽빽한 어른이 보는 신문을 아무렇지도 않게 보고 있었다. 아이가 보기에는 너무 딱딱하고 지루한 내용들로 이루어져 있는 것이 신문이다. 동화책처럼 생동감 있는 그림이 있는 것도 아니고, 흥미진진한 구어체로 구성된 것도 아니다. 그런데 눈을 반짝이고 고개를 박고, 어른과 흡사한 자세를 취하고 신문을 보고 있는 모습이 놀랍고 신선했다. 아이는 부모의 거울이라는 진리를 체감하는 순간이었다.

『누구를 위하여 종을 울리는가』『무기여 잘 있거라』『노인과 바다』 등 세계인의 사랑을 받는 대표작을 잇달아 내놓은 '어니스트 헤밍웨이'는 20세기 최고의 작가이다. 그는 인기, 부, 명예 등 다른 사람들이 부러워하는 모든 것을 가졌고 누렸다. 그러나 그의 종말은 비극적이었다. 자살로 스스로 생을 마감했던 것이다.

모든 것을 다 가졌던 그가 끔찍한 선택을 할 수밖에 없었던 이유는 무엇이었을까? 헤밍웨이는 잘 알려지지 않았지만 네 번이나 결혼을 했다. 그리고 두 번에 걸친 경비행기 추락 사고의 후유증으로 60세가 넘어서는 제대로 걷지도 못하게 되었다. 기억력도 급속도로 떨어졌다. 손이 불편해 글도 쓸 수 없게 되었다. 그로 인해 크게 낙담하고 비관하기 시작했다.

그러나 그의 생애에 결정적인 영향을 끼친 것은 4명의 부인도 아니었고 경비행기 사고도 아니었다. 바로 그를 낳아주고 길러준 그의 어머니 그레이스였다. 헤밍웨이는 자신의 어머니를 극도로 싫어하고 증오했다.

헤밍웨이의 어머니 그레이스는 자녀들에 대한 욕심은 도를 넘어 집

착에 가까웠다. 엄마의 기대에 부응하길 원했고, 부끄럽지 않은 자식이 되도록 출세를 강요했다. 그녀는 아이들을 몰아붙이고 닦달했다. 엄격한 생활계획표를 만들어 지키고 검사를 받게 했다. 늘 빈틈없고 단정하고 완벽하기를 강요했다.

더 이상 견딜 수 없었던 헤밍웨이는 어머니에게 대항하기 시작했다. 사춘기가 끝날 무렵엔 어머니로부터 벗어나기 위해 여자 친구와 도망을 쳤다. 그 후로도 어머니의 영향으로부터 벗어나고 어머니에게 대항하고 멀어지려는 헤밍웨이의 몸부림은 처절했다.

그는 성격이 강한 여자를 극도로 싫어했다. 부인이 조금이라도 자신에게 강요하거나 간섭하려 들면 서슴지 않고 이혼했다. 아프리카 탐험에 나서 두 번이나 경비행기 추락 사고를 당한 것도, 쿠바 내란 때 지하조직을 후원하며 카스트로에 반대한 것도, 1차 세계대전에 참전하여 이탈리아 전선으로 간 것도, 종군기자로 활동하며 프랑코에 반대하는 대열에 합류한 것도, 모두가 어머니를 멀리하고 어머니의 영향으로부터 벗어나기 위한 대항의 몸짓이었다.

아이들의 가슴에 꿈이 활활 타오르게 하는 건 엄마다

그레이스가 엄마로만 살려고 하지 않고 자신의 삶의 방향에 대한 규정을 가졌다면 어땠을까? 헤밍웨이가 자신이 태어난 소명과 이유를 찾고 그 방향으로 나아가도록 도와주는 조력자의 역할에 충실할 수 있었

엄마의 꿈을 통해 아이를 자극하자.
꿈을 하나씩 이뤄가는 엄마를 보면서,
꿈을 실천하는 방법과 열망을 배우고
아이들의 가슴에도 꿈이 활활 타오르게 하자.

을 것이다. 부모가 이루고 싶던 바람이 아이에게 그대로 투영된다면 자녀가 느끼는 심적 부담과 고통이 너무도 크다는 것을 잊지 말아야 한다.

엄마들은 빌 게이츠, 스티브 잡스, 박지성, 김연아 등 꿈을 이룬 사람들의 사례를 들이대며 내 아이가 닮기를 소망한다. 그러나 아이들은 가까운 곳, 주변의 영향을 가장 많이 받는다. 단연 가장 영향력이 큰 존재는 엄마이다. 방송에서, 인터넷에서, 책에서 만나는 성공한 사람들은 먼 얘기처럼 들린다.

엄마가 먼저 엄마의 꿈을 그릴 줄 알아야 아이들도 자신만의 꿈을 그리게 된다. 엄마의 꿈은 아이들에게 전염력이 강하다. 엄마가 꿈에 대한 열망과 실행력이 강할수록 아이에게 긍정적인 파급효과를 일으킨다.

초보 엄마, 초보 아내, 초보 며느리의 과정을 거치면서 실수와 실패에 자책감이 들고 자존감이 바닥을 쳤을 것이다. 식은 밥처럼 한 쪽으로 밀쳐두었던 엄마의 꿈을 아랫목으로 끌어오자. 엄마의 꿈이 아랫목으로 오면 아이들뿐만 아니라 온 가족에게 그 따뜻함과 풍족함이 번진다. 아이의 성공이 곧 엄마의 성공이라고 믿으며 '미래를 사느라 오늘을 살지 못하는' 어리석음을 범하지 말자. 엄마의 행복한 오늘이 아이의 밝은 내일을 만든다.

아이의 인생을 위해 모든 것을 바치는 태도는 아이도 엄마도 독립적인 인격체임을 부정하는 것이나 다름없다. 엄마는 아이의 미래를 위해 헌신한다고 생각하지만, 엄마의 맹목적인 희생과 열정이 아이의 숨통을 조인다. 엄마의 꿈을 통해 아이를 자극하자. 꿈을 하나씩 이뤄가는 엄마를 보면서, 꿈을 실천하는 방법과 열망을 배우고 아이들의 가슴에도 꿈이 활활 타오르게 하자.

유대인 속담에 신이 어머니를 만든 이유는 인간이 존재하는 곳마다 일일이 곁에 있어줄 수 없었기 때문이라는 말이 있다. 어머니라는 존재는 그만큼 아이들에게 절대적이다.

꿈이 있는 엄마는 아이의 자랑이다

초등학교 2학년 제자의 일기이다.

"우리 엄마는 시인이 되기 위해 날마다 열심히 공부하고 책을 많이 읽고 계십니다. 엄마는 건강이 좋지 않으셔서 매일 약을 먹어야 하고, 집안일도 오래 못하십니다. 하지만 짜증도 거의 내지 않고, 건강한 나도 힘든 공부를 매일 하고 계십니다. 밤에는 우리에게 동시와 동화책을 읽어주기도 하십니다. 엄마의 목소리를 들으며 잠을 자면 행복해집니다. 엄마가 꼭 훌륭한 시인이 되실 거 같다는 생각이 듭니다. 저도 엄마처럼 어려움이 있어도 포기하지 않고 열심히 공부하고 책도 많이 읽겠습니다. 그래서 엄마도 기쁘게 해드리고 제 꿈도 이루겠습니다."

어린아이였지만 표정은 진지했고 엄마를 자랑스러워하는 표정이 역력했다.

emotion · communication · trust

3장

엄마에겐 행복한 감정공부가 필요하다

1. 엄마의 감정공부가 중요한 이유

"자녀에게 줄 수 있는 최선의 유산은

혼자 힘으로 제 길을 갈 수 있도록 해주는 것이다."

– 이사도라 던컨

감정 처리에 미숙한 엄마는 아이에게 상처준다

건널목을 건너기 위해 신호가 파란 불로 바뀌기를 기다리고 있었다. 막 파란불로 신호등이 바뀌는 순간 저 쪽에서 급하게 두 아이를 데리고 한 엄마가 뛰어왔다. 큰애는 여섯 살쯤 되어보였고 작은 아이는 네 살쯤으로 보였다.

그런데 건널목을 급하게 건너다가 큰아이가 넘어지고 말았다. 작은 아이는 엄마 품에 안겨 건너고 있었기 때문에 안전했다. 큰 아이는 달려오던 속도가 있어서 좀 심하게 아스팔트에 부딪히며 넘어진 것 같았다. 무릎에서 피가 흘렀다. 아이는 아프고 겁이 나니 울음을 터트렸다.

엄마는 파란불의 신호등 시간이 얼마 남지 않았다는 생각에 마음이 급해졌다. 신호등 한 번 쳐다보고 아이 한 번 쳐다보고를 반복했다. 그러더니 아이가 아픈 것은 아랑곳하지 않고 아이의 손을 잡아끌었다. 무사히 신호등은 건너왔지만 아이의 울음소리는 더욱 커졌다. 엄마가 달래보려 애썼다. 하지만 신호등을 건너고 한참이 지났는데도 아이의 울음소리는 그칠 줄을 몰랐다. 그러자 엄마의 얼굴이 붉으락푸르락해지더니 언성을 높이고 급기야는 아이에게 손찌검을 했다. 아이는 엄마의 권위에 눌려 울음은 거의 그쳤다. 그러나 엄마를 따라가면서도 미세하지만 서럽게 흐느끼고 있었다.

아이의 놀라고 아픈 감정은 철저하게 외면당했다. 엄마의 손찌검이, 엄마의 호통이 아이를 제압하는 데는 효과적이었다. 하지만 그 순간 '나는 존중받지 못하는 존재'라는 감정이 아이의 무의식 속에 자리한다. 아이의 감정에 남은 상흔은 엄마의 감정처리가 미숙했기 때문에 생긴 결과이다.

감정은 순식간에 일어나는 심리 상태라서 어쩔 수 없다며 미리 포기하거나 방치하는 경우가 많다. 그러나 감정도 내가 선택 관리할 수 있는 나의 것이다. 감정을 선택할 수 있는 능력은 짧은 시간 안에 완벽하게 구사할 수는 없다. 처음에는 내 감정인데 내 마음대로 움직여주질 않는 것을 수없이 느낄 것이다. 그러다 보면 자책하고 포기하는 일이 발생한다. 한꺼번에, 처음부터 위대한 성인이 되겠다고 생각하지 말자.

꾸준히 조금씩 연습을 하다 보면 자기감정을 스스로 결정하는 단계에 이를 수 있다. 인간은 자기 자신의 감정을 변화시킬 수 있는 존재이다. 그렇게 자기감정을 변화시키는 연습을 지속적으로 하다 보면 삶까지 변화하는 걸 느낄 수 있다.

위의 사례에서 엄마가 빨리 길을 건너야 한다는 생각보다는 아이의 아프고 놀란 마음을 먼저 인식하려 노력했다면 상황은 의외로 쉽게 수습이 되었을 것이다.

"괜찮아? 많이 아프겠구나! 놀랐지? 여기는 건널목이라서 시간을 지체하면 위험해. 길을 건넌 다음에 엄마랑 상처를 살펴보자!"

이렇게 말해주었다면 아이는 금방 울음을 그치고 안정을 찾았을 것이다. 우는 아이를 억지로 끌고 가는 것보다 시간도 덜 걸렸을 것이다.

엄마의 공감에서 아이는 스스로 깨닫는다

아들이 초등학교 6학년 때 전교 회장에 출마한 적이 있다. 초등학교 전교회장 선거였지만 함께 선거운동을 도와줄 7명 정도의 참모진을 구성하고, 캠페인을 모색하고, 공약을 만들고, 플래카드를 만드는 등 조직적으로 활동했다. 일찍 일어나 준비를 하고 학교로 가서 다른 학생들이 오기 전 대기하고 있는 열정을 아끼지 않았다. 선거를 도와주는 참모진들과 함께 등교하는 학생들을 향해 공약을 외치며 표를 호소했다. 쉬는 시간과 점심시간에는 부지런히 교실을 돌며 자신을 알렸다.

치열한 선거전에서 아쉽게도 아슬아슬하게 떨어졌지만, 아들에게는 소중한 경험이 되었다. 다른 후보자들은 엄마의 전폭적인 지원을 받았다. 하지만 나는 신경을 써주지 못했다. 초등학교 아이가 모든 과정을 스스로 알아서 구상하고 만들고 활동했다. 격려와 응원의 말을 간간히 던져준 게 전부였다.

미안한 마음에 나중에 무엇이 가장 힘들었냐고 물었다. 과정을 소화하면서 가장 힘들었던 것은 경쟁자와의 심리전과 참모들의 마음을 한 곳으로 모으는 것이었다고 한다. 그래야만 일사불란하게 움직일 수 있고, 자신감 있게 자신을 알릴 수 있기 때문이었다고 한다. 어린아이가 그런 생각을 하다니 놀랍지 않을 수 없었다. 나는 아들에게 감정에 대해 가르친 적이 없다. 마음에 대해 얘기한 적이 없다. 그냥 아들과 수다를 많이 떨었다. 아들이 무슨 얘기를 하던 눈을 맞추고 고개를 끄덕여주고 적절한 리액션을 해주려고 노력했다. 설거지를 하다가도, 전화통화를 하다가도 아들이 말을 걸면 스톱하고 아이의 이야기에 귀 기울이고 들어줬다.

그런데 그러한 나의 행동이 아들이 리더십을 발휘하는 데 유용하게 작용했고, 심리전에서 불안감을 달래는 힘이 되어준 것이다. 리더의 역

감정은 생각으로, 생각은 말로 나온다.
말만 잘 들어주어도 감정 문제의 절반은 해결된다.

할 중 가장 중요한 것은 상대의 얘기를 잘 듣고 요구사항을 효율적으로 반영하는 것이다. 또 한 번 놀랐던 것은 아들의 다음 말이었다. 효율적인 방법을 모색할 필요도 없었다고 한다. 고충을 들어주고 고개 끄덕여주고 공감해주면 참모진들이 저절로 방법을 찾아가더라는 것이다.

"감정코칭을 해주세요!"

이렇게 이야기하면 심오한 뜻으로 해석하고 어려워하는 사람들이 많다. 감정은 생각으로, 생각은 말로 나온다. 말만 잘 들어주어도 감정 문제의 절반은 해결된다.

아이는 엄마의 감정온도를 알려주는 계기판이다

중학교 3학년인 호준이는 순한 편이다. 호준이는 아이들을 먼저 건드리는 법이 없었고, 누가 자신을 귀찮게 해도 참고 참다가 물건을 던지는 식으로 반응을 했다. 천성이 순했지만 자신의 쌓인 감정을 잘 표현하거나 조절하지 못했다. 그것이 신체적 현상으로 나타났다. 폭력을 쓰거나 배가 아프고 머리가 아프다고 했다.

아이들은 '속상하다.' '억울하다.' '화가 난다.'라는 식으로 자신의 감정이 어떻다는 것을 알고 있다. 그러나 그 감정을 실제 표현하는 것은 전혀 다른 문제이다. 아이와 함께 '좋지 않은 감정' 또는 '좋은 감정'을 잘 표현하는 것에 대해 이야기를 나누어보자. 영화를 보거나 책을 보며 화가 나는 상황에서 감정을 어떻게 표현해야 하는지 이야기를 나누는 것이다. 등장인물이 지금 어떤 감정인지, 기쁜지, 슬픈지, 느껴보고 그러한 감정을 표현하는 것에 대해 이야기를 나누어보는 것이다.

호준이에게 화가 나는 마음을 물건을 던지거나 울지 말고 글로 표현해보게 했다. 호준이는 만화를 보거나 그림 그리는 것을 좋아해 만화책을 많이 활용했다. 만화 그리기를 통해 감정을 표현하고 해소하는 방법을 알려주었다. 너무도 재미있고 신나게 임했다. 호준이는 하나하나 치유의 과정을 거치며 안정을 찾아갔다. 화를 참고 모아두었다가 폭력으로 표출되던 버릇도, 배와 머리가 아픈 것도 없어졌고 밝고 건강하게 자라고 있다.

"인간의 무슨 힘이 장미를 키울 수 있나요?"

"흙을 준비하십시오, 그러면 장미는 자랄 것입니다. 장미 안에 있는
힘에 의해 스스로 자라나고 꽃이 핍니다."

– 우 조티카 사야도, 『마음의 지도』

미안마인들이 가장 존경하는 큰스님, 우 조티카 사야도의 말이다.
장미가 흙을 이용해 자라나고 꽃을 피우듯 우리 인간도 내면의 힘,
즉 감정에 의해 자라고 꽃을 피운다. 부모의 감정은 아이를 양육하
면서 성숙해지고 견고해진다. 아이가 성장하듯 부모도 함께 커가는
것이다. 자녀는 이런 측면에서 부모에게 '내 감정이 어떤 상태인지,
내 감정을 어떻게 처리하며 살아가고 있는지' 알려주는 제일 좋은
모델이다.

2. 힘든 육아, 감정이 더욱 중요하다

"우리나라 엄마들은 헌신적인 사랑은 있는데

지켜보는 사랑과 냉정한 사랑이 없어요.

이런 까닭에 자녀 교육에 대부분 실패합니다."

― 법륜스님, 『엄마수업』

임신을 알고부터 엄마의 짝사랑은 시작된다

아이가 뒤쳐질까 봐 전전긍긍하는 엄마, 아이가 원하는 모든 것을 해주고 싶은 엄마, 아이의 실수를 자신의 실수처럼 받아들이는 엄마, 아이가 나 없으면 아무것도 못한다고 생각하는 엄마. 모든 대한민국의 엄마의 자화상이다. 그러니 육아만큼 힘든 일은 없다는 탄식이 절로 나온다.

엄마와 아이는 뱃속에 잉태할 때부터 불공정한 관계가 형성된다. 임신을 알고부터 엄마의 짝사랑은 시작된다. 아직 대답도 움직임도 느낄 수 없는 아기에게 끝없이 신호를 보낸다. 내가 얼마나 너를 사랑하고 있는지를 전하지 못해서 안달이 난다. 좋은 클래식 음악을 골라서 듣고, 좋은 말만 하려고 하고, 좋은 책을 읽어주고, 좋은 것만 먹고 보려 한다.

최고의 사랑은 모성애라는 말이 무색하지 않다. 감정적 유대 중 가장 거룩하다. 그 어떤 사랑도 모성애에 비할 바가 못 된다. 이러한 모성애의 조건 없는 사랑은 독특한 에너지임에 틀림없다.

예나 지금이나 똑같은 어머니의 사랑

나에게는 '어머니'와 같은 존재가 두 분이 계시다. 우리 아버지의 어머니인 나의 할머니와 나를 낳아주신 어머니이다. 이 두 분에게 참 많은 사랑을 받았다. 특히 할머니의 나에 대한 사랑은 지극하셨다.

초등학교 시절 우리 반에는 남자들도 당해내기 힘든 여자애 B가 있었다. 어찌나 와일드하고 힘이 센지 남자 아이들도 그 아이의 눈치를 봤다. "우당탕!" "퍽! 퍽!" 이게 무슨 소리일까? 내가 B와 싸움이 붙은 것이다. 상상도 못할 일이 벌어진 것이다. 아이들은 놀라서 말릴 생각도 하지 못했다. 싸움이라고 해봐야 내가 B에게 대책없이 맞고 있는 것이었다.

내가 B에게 정의롭지 못하다고 던진 한마디가 싸움의 발단이었다. 날

마다 이유도 없이 아이들을 괴롭히는 B를 보면서 나도 모르게 욱해서
나온 말이었다.

　선생님도 없는 상태라 공포의 대상 B를 말려줄 사람이 없다보니 곤죽
이 될 때까지 맞았다. 하이얀 색 원피스가 빨갛게 물들 정도였다. 나는
엉엉 울면서 집으로 향했다. 그때 할머님이 부엌에서 일하고 계셨는데
내 울음소리를 듣고 한달음에 달려 나오셨다. 나를 본 할머니의 표정은
사색이 되었다. 갑자기 마당으로 나가서 빨랫줄을 지탱하고 있던 장대
를 빼어들더니 냅다 달리기 시작하셨다. 나중에 알고 보니 나를 때린 B
를 찾아가 흠씬 혼내주고, 꾸중하고, 설득하고 오신 것이다.

　하지만 나는 후련함보다 걱정과 두려움이 앞섰다. 밤새 잠을 이루지
못하고 내일 학교를 가야하나 말아야 하나 걱정을 해야만 했다. B가 나
를 가만 놔두지 않을 것 같았기 때문이다. 걱정으로 무거운 마음을 안
고 등교를 했다. 그런데 예상외의 일이 벌어졌다. B가 나에게 친절하게
대해주는 것이다.

　할머니가 어떤 방법을 썼기에 B가 180도 달라졌는지 알 수 없었지만
B를 달라지게 한 건 분명했다. B는 나에게 온정을 베풀었고 다정하게
대했다. 학교에서의 횡포도 눈에 띄게 줄었다. 그 뒤로 우리는 절친이
되었고 B도 더 이상 친구들을 괴롭히지 않게 되었다.

　그 사건은 친구 B에게도 큰 변화를 일으킨 경험이 되었지만 나에게도

훗날 내 아이를 키우면서 위기를 극복하는 계기가 되었다.

엄마가 제대로 대처해야 아이가 당당하다

시댁에서 일을 보고 있는데 학교 선생님에게 전화가 왔다. 우리 아이 담임선생님이었다. 아들이 친구에게 맞아서 이빨이 깨지고…. 전화 받는 내 손이 파르르 떨렸다. 우선 학교로 가야 했다. 남편과 함께 신속하게 차를 몰아 학교로 향했다. 차를 타고 가는 동안 내 머릿속에는 고민으로 꽉 차 있었다.

'이 일을 어떻게 대처해야 할까?'

당장의 문제도 문제지만 어떻게 하면 앞으로 같은 일이 반복되지 않게 할 것인가도 큰 고민이었다. 남편에게 약국 근처에서 차 좀 세워 달라고 했다. 약국 문을 열고 들어가 우황청심환 2개를 샀다. 그리고 차 안에 들고 와 바로 먹어버렸다. 남편에게 학교가 아닌 집으로 가 달라고 했다. 남편은 왜 그러냐고 했지만 나는 이유를 말하지 않았다.

"내가 해결할게요. 나에게 맡겨줘요."

남편더러 내게 맡겨달라고 신신당부했다. 집으로 간 나는 옷을 갈아 입었다. 평소 입지 않던 바지에 티셔츠를 챙겨 입었다. 그것도 있는 옷중에 강해보이는 옷을 찾아 입는다고 입었다. 긴 머리도 댕강 묶어서 최대한 강해 보이게 했다. 순해 보인다는 말을 많이 듣고 살다보니 만만해 보이면 안 될 것 같았다. 학교에 도착하여 남편에게는 내가 잘 애기하고 나올 테니 밖에서 기다려 달라고 했다.

교무실로 먼저 갔다. 선생님을 뵙고 자초지종을 들어야 했다. 폭력의 발단은 정말 어처구니가 없었다. 아들에게 일명 짱이라는 아이가 그동안 수행평가를 대신 하게 만들고 있었던 것이다. 그날도 그 아이의 수행평가를 대신 해줬는데 한 가지를 빼먹었다. 그러자 그 녀석이 아들에게 화를 냈고 아들이 반항을 한 모양이었다. 그로 인해 이빨이 부러져 나갈 정도로 폭력을 행사한 것이다.

화가 났지만 최대한 침착하려 노력했다. 선생님께는 정중하게 인사 드리고 그 아이를 보고 얘기 좀 하겠다고 하고 나왔다. 나는 교실로 향했다. 침착하려는 내 의도와는 다르게 심장이 방망이질을 쳤다. 내가 과연 할 수 있을까?

교실에 도착하니 수업 중이었다. 수업이 끝나기를 초조한 마음으로 기다렸다. 잠시 후 수업이 끝났음을 알리는 음악소리가 들렸다. 선생님이 나가시길 기다렸다가 교실로 들어갔다. 그리고 그 아이를 찾았다. 성인들처럼 심한 폭력을 행사한 것은 아니었지만 그래도 부당한 폭력을 행사하면 어떻게 되는지 인식시켜줘야 한다는 사명감이 들었다.

교실은 갑자기 나타난 용사 아줌마로 인해 들썩들썩했고 선생님들이

한 번의 실수나 안타까움으로 너무 자책하지 않아도 된다.
힘든 과정을 거치면서 아이와 함께 엄마도 크고 있다는 사실을
위안으로 삼으면 되지 않겠는가?

달려와 나를 말렸다. 나는 마지못한 척 선생님을 따라 상담실로 향했다. 잠시 후 학생이 와서는 잘못했다고 빌었다. 마음이 아파 거기서 용서하고 싶었지만 심지를 단단히 했다. 경찰에 신고 접수하겠다고 으름장을 놓았다.

"자신이 해야 할 숙제를 친구에게 떠맡기는 것은 옳지 못한 행동이다."

"거기다 원하는 대로 되지 않았다고 폭력을 행사하는 것은 쉽게 용서받을 수 있는 일이 아니기 때문에 경찰서에 처분을 맡겨야 한다."

진짜로 신고를 할 생각은 없었다. 무엇보다 그 아이에게 폭력이 왜 나쁜 것인지, 폭력을 행사하면 왜 안 되는지 알려주고 싶었다. 마음 약해져 쉽게 용서해주면 같은 일이 반복될 것 같았다. 내가 계속 강하게 나가니 선생님들도 어쩔 줄을 몰라 하셨다. 지금 생각하면 모든 처리과정이 미숙했다는 생각에 얼굴이 화끈거린다.

좀 더 성숙하고 세련되게, 아니면 교양 있게 상황을 수습하는 방법이 있었을지도 모른다. 하지만 당시에는 알지 못했고 그게 최선이었다. 늘 그렇다. 최선을 다했다고 생각해도 후회는 남는 법이다. 어쩔 수 없는 것이다. 왜냐하면 그 순간 나는 아이도 나도 같이 크고 있었기 때문이다. 엄마만큼 어려운 일은 없고 대한민국의 모든 엄마도 사람인데 어떻게 완벽할 수 있겠는가? 그러니 한 번의 실수나 안타까움으로 너무 자책하지 않아도 된다. 힘든 과정을 거치면서 아이와 함께 엄마도 크고 있다는 사실을 위안으로 삼으면 되지 않겠는가?

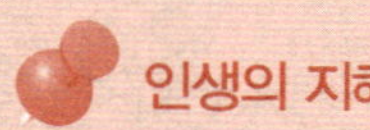

인생의 지혜 한 줄

'이 아기를 잘 키울 수 있을까.'

목수는 밤마다 잠든 아기를 바라보며 한숨지었습니다. 그때마다 아기의 숨결이 한숨을 밀어냈습니다. 밤잠을 설치며 잠든 아기를 보는 동안 목수는 조금씩 아버지가 되어 갔습니다.

아기는 걸음마를 배우고 말을 배웠습니다. 아버지는 나무를 깎아 장난감을 만들어주었습니다. 나무 인형을 갖고 놀던 아기는 좀더 자라서 망치질을 배우고 톱질을 배우며 소년이 되어갔습니다. 다 자란 나무를 베어 집을 짓는 것이 목수의 일인데, 자고 나면 쑥쑥 크는 아이 때문에 이제 아버지는 나무 베는 일이 자꾸 망설여집니다.

- 『탈무드』

부끄러움 앞에 엄마로 서다

학교에서 한바탕 한 뒤 집으로 돌아온 나에게 내가 어렸을 때와 똑같은 불안감이 엄습했다.

'그 녀석이 내 아들에게 앙갚음을 하면 어쩌지!'

'아들이 엄마로 인해 학교 생활하기가 힘들어지면 어쩌나?'

이런 걱정을 해야 했다. 다음 날 초인종이 울렸다. 학생과 학생의 어머니가 찾아온 것이다. 깜짝 놀랐다. 들어오자마자 두 사람은 무릎을 꿇었다. 그리고는 다시는 그러지 않겠다고, 잘못했다고 진심으로 사과했다. 집까지 찾아 와서는 무릎까지 꿇고 사죄하는 것에 나는 몸둘 바를 몰랐다. 여러 가지 얘기를 나누고 다시는 그러지 않겠다는 약속을 하고 돌아갔다. 치료비 얘기를 하셨지만 치료비를 받을 생각조차 없었기에 정중히 사양했다. 하지만 그 마음이 너무 고마워 오랫동안 죄송하고 따뜻한 기억으로 간직하고 있다.

'그 엄마가 아이를 위해 무릎을 꿇어야 했을 때 얼마나 힘들었을까?'

이렇게 생각하면 마음에서 뜨거운 무엇이 뭉클하게 올라온다. 나와 그 엄마 둘 모두 아이를 위해 자신을 버리고 부끄러움 앞에 엄마로 우뚝 선 것이다.

3. 아이의 모든 문제는 결국 엄마 문제다

"우리의 일상생활에서 가장 조심해야 할 것은

사소한 감정을 어떻게 처리하느냐 하는 문제다.

사소한 일은 계속 발생하며 그것이 도화선이 되어

큰 불행으로 발전하는 일이 적지 않기 때문이다."

– 에밀 샤르티에

엄마들이여, 억울해하지 말자

자신이 어렸을 때 부모에게 다정한 돌봄을 받은 기억이 없는 엄마들은 코칭을 아무리 해줘도 쉽게 본인의 육아 습관을 고치려 하지 않는다. 이들은 문제의 원인을 아이에게 돌린다. 자신은 할 만큼 한다는 것이다.

"선생님, 아이를 위해 최선을 다했는데 억울해요."
"아이가 까다롭고 유별나요."
"아이가 자기 아빠를 닮아서 고집이 세요."

변명을 하거나 핑계를 대는 것이 아니라 이들은 정말 막막한 것이다. 아이를 너무나 사랑하지만 사랑을 전달하는 방법을 모르기 때문이다. 사랑도 받아본 사람이 줄 수 있다고 하지 않는가? 이들은 아이와 어떻게 교감을 해줘야 하고 놀아주어야 할지 답답하다고 한다.

"아이에게 뭘 해줘야 좋을지 잘 모르겠어요!"
"아이가 원하는 게 뭔지 알 수가 없어요."

교구는 무엇이 좋고 조기 교육은 언제부터 시켜야 하고, 이유식을 언제 먹이고, 옆집 아이는 어떤 장난감을 가지고 노는지. 외적인 정보와 지식은 많다. 하지만 아이와 감정의 교류, 정서적인 교감을 어떻게 해야 하는지에 대한 정보가 없다.

문제가 있다는 것을 인정하라

보통 엄마들은 아이의 기저귀를 갈면서도 "우리 아기 쉬 했네. 많이 축축했어요?" "우리 아기 파우더 바르자." 등의 말을 걸며 아이와 눈을 맞추고 정서적인 애착을 형성한다. 이유식을 먹이면서도 "아, 맛있다. 냠냠!" "아, 잘 먹네! 우리 아가!"라고 아기에게 말을 건넨다.

애착관계 형성에 어려움을 겪는 엄마들에게 위와 같이 해보라고 권하면 불편하고 어색해서 잘 안 된다고 한다. 그래도 코칭을 계속하면 "저는 열심히 하고 있는데요."라며 자존심 상해하기도 한다.

어렸을 때 애착의 단계를 건너뛰다 보니 '애착형성'의 의미를 제대로 이해하지 못한다. 별 문제 없다고 생각한다. 엄마와 아이가 맺는 애착 관계는 마음을 나누고 이해하는 것이다. 깊은 친밀감과 무한 신뢰가 바탕이 된 관계이다. 그러니 이러한 애착 관계를 경험하지 못한 엄마들은 혼란스럽고 당혹스러운 게 당연하다.

이런 엄마들은 아이들이 어떤 유아기관을 다니는지, 조기교육은 무엇을 받고 있는지, 옷은 무엇을 입히는지 등 외적인 것에 매달리게 된다. 친밀 관계 부재에 대한 보상욕구가 크기 때문이다. 아이가 어렸을 때는 그럭저럭 문제없이 자란다. 그러나 아이의 사춘기를 기점으로 잠재하고 있던 문제가 서서히 수면 위로 올라온다.

"아이를 감당하기 어려워요."
"우리 아이가 갑자기 왜 이러는 거죠?"

당혹스러워 하고 우왕좌왕한다. 그동안 '난 아무 문제 없어!'라며 방어기제로 사용했던 외적 요소들을 부정해야 하기 때문에 더욱 힘들다. 엄마로서 나는 최선을 다했고, 할 만큼 했기 때문에 더욱더 너무나 억울한 것이다. 코칭을 받고도 쉽게 인정하지 못하는 것은 죄책감의 감정에서 자신을 지키려는 시도이다. 지금의 현실을 인정할 경우 자신에게 책임이 돌아온다는 사실이 두려운 것이다.

엄마가 하루라도 빨리 받아들이지 않으면 가장 많이 영향을 받는 것은 아이다. 위험 신호가 왔을 때 빨리 감지하고 대처해야 문제를 최소화할 수 있다. 지금 혹시 아이와 무엇을, 어떻게 해야 할지 막막하고 답답한가?

자신을 힘들게 하는 원인들을 하나씩 하나씩 찾아보고 정리해보자. 자녀를 양육한다는 일은 엄마라면 누구나 조심스러우면서도 절실한 영역일 것이다. 조심스럽고 절실한 만큼 아이와의 시시콜콜한 일화들이 아이와의 연대감을 넘어 애착형성의 중요한 가치임을 잊지 말았으면 좋겠다.

아이의 문제가 아니라 엄마의 문제이다

민준이는 네 살이 다 되어 가도록 말을 제대로 못해 부모의 속을 태웠다. 종합병원에 가서 할 수 있는 검사는 다 해봤지만 아무 이상이 없었다. 어린이집을 가려고 하지 않아 갓 태어난 둘째까지 보느라 엄마의 고생이 이만저만이 아니었다. 엄마는 아이들 때문에 다니던 직장까지 그만두고 육아에 전념하고 있었다.

민준이가 세 살까지 도우미 아주머니와 시어머니가 키웠다. 도우미 아주머니는 아기 돌보는 일보다 TV 시청하는 것을 더 즐겼고, 민준이도 도우미 아주머니를 따라 TV를 보거나 비디오를 보는 시간이 많았다. 시어머니도 살가운 성격이 아닌 탓에 아이를 돌보는 사람이 두 명이나 있는데도 민준이는 따뜻한 돌봄을 받지 못했다.

엄마는 그때까지도 민준이가 어떤 상태인지를 제대로 몰랐다. 직장 생활에 바빴고 도우미 아주머니와 할머니가 번갈아 돌보고 있으니 별 걱정을 하지 않았다. 그러던 중 둘째를 출산하게 되어 산후 조리를 하면서 민준이가 또래들에 비해 발달이 늦다는 걸 알게 되었다. 네 살인데도 말을 거의 못했고 정서도 불안해 보였고 눈도 잘 맞추지 않았다.

병원에서 각종 검사를 해도 이상이 없다는 소견이 나오자 급기야는 소아정신과를 찾아가게 되었다. 결과는 극도의 불안 장애였다. 아이가 결정적 시기인 생후 3년까지 정서적 보살핌을 받지 못한 것이 원인이었다. 뇌세포는 신경 물질을 주고받는 과정에서 서로 연결되며 성숙한다. 이렇게 연결된 뇌세포가 많아져야 신체 발달, 정서 발달, 지능 발달로 이어진다. 적절한 자극이 주어지지 않으면 해당 부분 뇌세포들은 연결 회로를 만들지 못한다. 뇌의 발달이 제대로 이루어지지 않는 것이다. 민준이는 일방적으로 수용해야 하는 방송 매체에 너무 많이 노출되어 있었고, 양육자와 감정적, 정서적 접촉이 너무 적었다.

갓 태어난 아기는 목도 가누지 못하고 눈도 제대로 뜨지 못한다. 임신 8개월 만에 태어나 인큐베이터에 들어간 아기가 있었다. 의료진들

'최선을 다하고 있는데 우리 아이만 왜 이럴까?'

'왜 나만 억울하게 이런 일을 당해야 할까?'

이런 경우 아이가 문제가 아니라

엄마에게 문제가 있었다는 사실을 인지할 수 있게 될 것이다.

의 혼신을 다한 덕분에 한 달 가까이 버티던 아기가 갑자기 증상이 악화되기 시작했다. 이젠 더 이상 어쩔 수 없다며 모두가 포기하려 할 때 엄마가 자신의 품에 아기를 안아보고 싶다고 했다. 엄마는 그렇게 하루 이틀 삼일…. 날마다 아기를 품에 안고 있었다. 아기에게 내가 너를 얼마나 사랑하는지, 네가 얼마나 강한 사람인지를 이야기 해주었다. 그러자 신기하고 놀라운 일이 벌어졌다. 가망 없다고 모두가 포기하려던 아기가 점점 호전 증상을 보이기 시작한 것이다. 검푸르게 변하던 아기의 혈색이 나날이 좋아지고 숨소리도 안정을 찾아갔다. 아기는 건강을 되찾았고 지금도 무럭무럭 잘 자라고 있다고 한다.

민준이 엄마처럼 일하는 엄마들은 아이와 함께하는 시간이 절대적으로 부족하다. 엄마 대신 아이를 안전하게 돌보고 적절하게 대응해주는 사람이 있다면 문제가 되지 않는다. 그런 사람을 찾기 어렵다면 육아휴직제도 등을 적극 활용해 보는 것도 좋다.

애착형성 과정의 골든타임이라는 생후 3년 동안 아이의 욕구에 잘 반응해주는 것은 직장생활하면서 사회적 성취를 이루거나 돈을 버는 것보다 더 소중한 일이다. 애착이 불안정한 아이는 사회 적응 능력이 떨어지고 어려운 상황에 부딪혔을 때 견디기 힘들어 한다. 청소년기가 되면 반항하고 싶은 충동을 느끼게 된다. 성인이 되어서도 의존적이며 수동적이고 자존감이 낮다.

'최선을 다하고 있는데 우리 아이만 왜 이럴까?'

'왜 나만 억울하게 이런 일을 당해야 할까?'

이럴 때는 아이의 행동만이 아니라 아이의 존재로 대변되는 자녀애착의 형성과정에 주목해보아야 한다. 그러면 아이가 문제가 아니라 엄마에게 문제가 있었다는 사실을 인지할 수 있게 될 것이다.

 **인생의 지혜 한 줄**

괜찮다. 서툴더라도 네 방식대로 살아라. 모자라더라도 네 자신이 되어라. 막막하더라도 다시 일어서라. 너만의 북극성을 꿈꾸는 한, 지금 네가 서 있는 바로 거기가 정답이니까, 바로 그 자리가 세상의 한가운데니까.

– 김난도, 『웅크린 시간도 내 삶이니까』

4. 아이들은 엄마의 감정을 비추는 거울이다

– 존 밀턴

엄마가 아프면 아이는 더 아프다

"선생님, 모든 사람들이 나를 싫어하나 봐요!"

"선생님, 내가 못마땅해서 남편이 아이들에게 자꾸 화를 내는 것만 같아요."

"나는 가족들을 피곤하게만 하는 존재인 거 같아요. 나 때문에 아이의 기가 자꾸 죽어요."

소리 엄마는 피해망상증 환자와 흡사했다. 급기야는 밤마다 자신에게 불만이 있는 사람들이 몰래 침입해서 자신에게 해를 입힐 거 같다고 했다. 감정코칭을 넘어 전문의의 진찰이 절실하다는 생각이 들었다. 소리 어머님은 나의 권유로 병원을 찾았고 조현병 진단을 받았다.

그런데 더 큰 문제가 있었다. 엄마와 늘 붙어 있는 아이도 같은 증상을 보인다는 사실이다.

'엄마가 아프면 아이는 더 아프다!'

병을 앓고 있는 엄마로 인해 부정적 반응과 부정적인 말에 노출된 아이는 어떻게 될까? 소리는 엄마와 건강한 감정의 교류를 하지 못하고 지내왔다. 엄마의 병으로 인해 아이는 정서적 표현을 제한하는 습성을 갖게 된 것이다. 엄마의 피해망상 속에서 소리는 자폐적으로 지낼 수밖에 없었다. 친구들과 감정교류도 제대로 할 수 없었고 매사에 부정적인 반응을 했다. 그러한 부정적인 감정이 부정적인 상황을 낳은 악순환이 계속되었다. 친구들과 공감할 수 없었고 학교생활도 적용하지 못했다.

아이는 병원 치료와 더불어 감정코칭을 겸하면서 점점 달라지기 시작했다. 나는 아이가 오면 같이 놀아줬다. 놀이로 아이와 감정교류를 시도한 것이다. 친구들에게 따돌림을 당해서 얼마나 힘들었는지에 대한 이야기, 엄마가 자신에게 화를 자주 내서 많이 울었던 이야기들을 놀이를 하며 나누었다. 아이의 감정이 저절로 청소되고 있었다. 나는 거기에 어떤 해답도 제시하려 하지 않았다. 아이와 재미있게 놀아주며 아이의 얘기를 잘 들어주고 공감해주는 것에 집중했다.

"그랬구나, 네가 정말 속상했겠다."
"엄마가 자꾸 화를 내서 참느라 힘들었구나!"
"친구들이 놀아주지 않아 많이 슬펐구나!"

아이는 눈에 띄게 호전되어 갔다. 언행도 안정되고 차분해졌다. 점점 주변 아이들과도 잘 지내고 얼굴도 밝아졌다.

아이들은 주 양육자인 엄마의 감정을 부정적이든 긍정적이든 상관하지 않고 빠르게 흡수한다. 아이들은 외부의 환경에 쉽게 영향을 받는다. 엄마가 부정적 감정을 아이에게 투사하거나 쉽게 화를 내면 아이의 감정의 결은 금세 거칠어진다. 세상에 대한 부정, 자신에 대한 저항으로 답하는 것이다.

'나는 사랑받을 가치가 없어.'
'나는 할 수 없어!'
'사람들은 나를 미워해.'

이렇게 단정짓게 되는 것이다. 엄마의 감정은 아이에게 그대로 전달된다. 엄마가 웃으면 아이의 표정도 밝아진다. 엄마가 슬퍼하면 아이도 슬프다. 아이의 성장 과정에서 엄마가 우울증을 앓게 되면 아이에게 고스란히 그 영향이 간다. 엄마의 곁에서 엄마의 우울증을 함께 겪게 되는 것이다. 이런 아이들은 나중에 우울증에 걸릴 확률이 높아진다.

아이들은 엄마가 우기는 대로 큰다

초등학교 1학년인 영호는 무슨 일을 하든지 처음에는 누구보다 의욕에 불타고 열정적이다. 그날은 낱말 도미노로 수업을 하고 있었다. 영호가 열심히 도미노를 만들어가고 있는데 다른 아이가 실수로 치고 지나가는 바람에 공든 탑이 우르르 무너졌다. 그 순간 영호의 입에서는 속사포처럼 거친 말이 쏟아져 나왔다.

"나 안 해! 선생님, 저 못하겠어요!"

영호는 어려운 문제를 만나거나 난관에 부딪치면 늘 비슷한 패턴을 보인다. 물론 영호의 이런 성향도 엄마의 영향을 받아서 생겨난 전형적인 사례이다. 문제를 풀다가 시간을 지체하는 것 같으면 엄마가 바로 와서 핀잔을 주었다.

"아직도 못 풀었어? 언제까지 붙들고 있을 거야? 그렇게 잡고 있으면 머리가 더 좋아지니? 문제가 더 잘 풀리니? 집중해서 빨리빨리 풀어!"

영호는 나름 고민하고 다양하게 시도하며 문제를 풀어내려고 하고 있

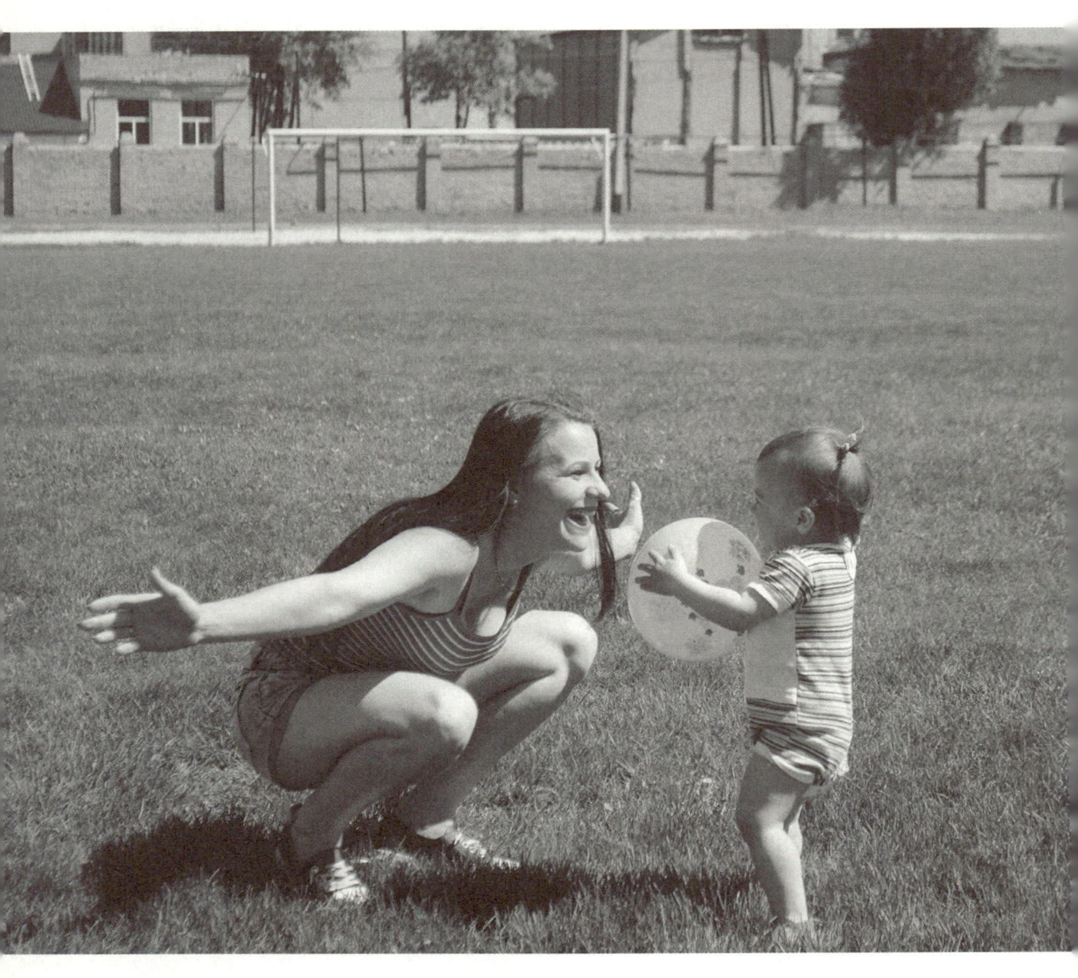

엄마가 "너는 노력할 줄 아는 멋진 아이야."라고 하면 노력하는 아이가 되고,
"너는 마음이 따뜻한 아이야."하면 마음이 따뜻한 아이로 자란다.

는 중이었다. 어느 날은 놀이터에서 동생과 놀다가 동생의 신발이 사라졌다. 신발을 벗어 놓고 정글짐에 올라 간 사이에 쥐도 새도 모르게 사라진 것이다. 영호는 동생의 손을 잡고 여기저기 찾아 다녔다. 그러다가 정글짐 옆에 있는 놀이기구 아래에서 찾아냈다. 집으로 돌아온 영호는 이 일을 자랑스럽게 엄마에게 말했다.

“엄마 진호가 신발 잃어버렸는데 내가 찾아줬어요!”

영호의 말을 들은 어머니의 반응은 어땠을까?

“네가 동생 골탕 먹이려고 감췄지?”

엄마는 칭찬을 기대하는 영호에게 핀잔과 조롱을 한 것이다. 아이는 그런 일들이 반복되면서 도전 의지를 서서히 잃어 갔다. 열심히 해봐야 핀잔만 듣고, 좋은 일 해봐야 조롱만 듣는데 어떤 아이가 긍정적인 방향으로 움직이고 싶겠는가? 아이는 적당히 엄마 눈치를 보면서 하는 시늉만 하게 된다.

영호는 동생의 신발이 사라진 문제 앞에서 해결을 위해 고민했다. 그리고 동생의 신발을 찾아 주기 위해 수고를 아끼지 않았다. 그러나 아이가 엄마의 반응에서 느낀 감정은 실망뿐이었다. 아이들은 ‘엄마가 우기는 대로’ 큰다는 말이 있다.

엄마가 "너는 노력할 줄 아는 멋진 아이야."라고 하면 노력하는 아이가 되고, "너는 마음이 따뜻한 아이야."하면 마음이 따뜻한 아이로 자란다. 반대로 "너는 게을러." "네가 제대로 할 줄 아는 게 뭐가 있니?"라고 한다면 게으르고 할 줄 아는 게 없는 아이로 성장한다.

엄마의 반응에 따라 상처도 즐겁게 기억될 수 있다

내가 초등학교 저학년 무렵의 어느 때였다. 나는 친구들과 신나게 물놀이를 하고 있었다. 그러다 이제 그만 집에 가야겠다는 생각이 들어 물 밖으로 나왔다. 그런데 발바닥이 바닥에 닿는 느낌이 이상했다. "뭐가 묻었나?" 하고 발바닥을 들어서 보는 순간 너무 놀랐다. 하얗고 고불고불한 것들이 발바닥을 뚫고 잔뜩 나와 있었다.

발은 날카로운 무엇인가에 베였는지 살이 쩍 벌어져 있었다. 이상하게도 피는 나지 않았지만 상처 모양이 너무 기괴하고 흉측했다. 나는 겁에 질려 울음을 터트리며 그 자리에 주저앉았다. 친구들이 뛰어가서 어른들을 불러왔다. 놀란 어른들은 나를 업고 병원으로 뛰었다.

의사는 많이 꿰매야 한다고 했다. 나는 치료받지 않겠다고 떼를 썼다. 너무 무서웠다. 발바닥에 가는 창자 같은 구불구불한 것들이 잔뜩 튀어나와 있는 것도 겁이 나는데, 살을 옷감 바느질하듯이 꿰맨다니! 발은 너무 징그럽고 끔찍한 형태를 하고 나를 노려보고 있었다. 손을 대면 통증이 갑자기 몰려올 것 같았다. 안 나오던 피가 펌프질하듯 쏟아질 것만 같았다.

그때 엄마는 화를 내고 다그치는 대신 긍정적인 면을 찾아 말씀해주셨다.

"너는 살성이 좋으니까 괜찮을 거야. 너는 아기 때부터 살성이 좋았어. 선생님도 아프지 않게 잘 치료해주실 거야. 그러니 걱정 안 해도 돼. 금방 나을 거야."

살성이 좋다는 말은 살의 성질이 좋다는 뜻으로, 상처가 생겨도 쉽게 낫는다는 의미다. 그런데 신기한 것은 그 말로 진정한 후에 받은 치료는 정말 거의 아프지 않았고, 상처도 오래지 않아 아물었다.

엄마가 아이보다 더 놀라서 우왕좌왕했다면 어땠을까?

"어떻게 하면 좋으니? 큰일이다! 조심해서 놀았어야지!"

그랬다면 심리적 후유증까지 남았을 것이다. 얼마나 깊이 베였는지 세월이 많이 흐른 지금도 발바닥에 흉터가 남아 있다. 하지만 내 마음에는 그 어떤 상흔도 남아 있지 않다. 오히려 그때 장면을 떠올리면 감정들이 즐거운 반란을 일으킨다.

낱말 도미노 게임

'아이들의 어휘력을 재미있게 기를 수 있는 방법은 없을까?'

낱말 도미노 놀이는 어휘력 수업에 대한 고민을 하다가 내가 스스로 고안한 것이다. 낱말 도미노 게임은 각종 어휘가 적힌 도미노들을 가지고 놀면서 다양한 어휘와 친숙해지고 자연스럽게 익히게 되는 과정이다. 무엇보다 집중력과 인내심, 팀워크를 키울 수 있어 좋다.

아이들이 무척 좋아한다. 서로 협업하면서도 줄지어 선 도미노를 건드리지 않고 멋지게 빨리 완성하는 방법을 의논하고 토론한다. 그러면서 서로를 배려하는 법을 터득해가고 협동의 묘미를 알아간다.

5. 엄마가 엄마 감정의 주인이 되라

"인간의 본성은 서로 비슷하지만 후천적 습관에 의해 서로 멀어진다."

– 공자

엄마가 스스로 감정의 주인이 되라

감정은 삶을 변화시킬 수 있는 요소이다. 감정은 주변 상황과 그가 겪은 사건에 따라 생겨난다. 사람은 누구나 스스로 이러한 감정을 컨트롤할 수 있는 잠재적 능력을 갖고 있다. 그 잠재적 능력을 깨울 수만 있다면 상황과 사건에 휘둘리는 것을 방지할 수 있다.

감정공부를 통해 감정을 능동적이고 주체적으로 선택할 수 있게 해야하는 이유다. 감정공부를 통해 감정의 주인이 된다면 분노, 우울, 죄책감, 불안 등 부정적인 감정 대신 행복, 감사, 기쁨, 안정 등의 긍정적인 감정을 구축하며 살 수 있다.

친구 B는 임신과 출산을 겪으면서 산후 우울증에 걸렸다. 활동적이고 적극적이고 자기계발 욕구가 강한 B는 사회생활을 해야 활력이 도는 사람이었다. 그런데 임신을 하자 입덧이 너무 심해 직장 생활을 제대로 하기가 어려웠다. 직장에서 임산부는 고운 시선을 받기 어려운 상황이었는데 입덧까지 심해 업무에서 자꾸만 실수를 했다. 한 번은 숫자에 동그라미 하나를 더 붙이는 바람에 회사에 손실을 입혔다. 보상을 했지만 눈치가 보여 더 이상 책상을 지키고 있을 수가 없었다고 한다.

자의 반 타의 반으로 직장을 그만두고 전업주부 생활을 하기 시작하면서 B는 서서히 얼굴에서 웃음이 사라지기 시작했다. 집안에 갇혀 매일 똑같은 패턴으로 반복되는 청소, 빨래, 설거지를 하고 있으려니 도무지 답답하고 울화가 치밀어 견디기 힘들었다고 한다. 남편까지 무심한 성격이라서 B에게 도움이나 위로가 되지 못했다.

힘든 임신 기간을 넘기고 출산을 하자 처음에는 예쁜 아기 사랑에 빠져 좋아지는 것 같았다. 그러나 한 달 두 달 시간이 흐르자 다람쥐 쳇바퀴 도는 삶이 가져다주는 단조로움에 무기력을 느끼기 시작했다. 육아 때문에 외출도 쉽지가 않자 더욱 힘들어했다. B도 위로할 겸 아기도 볼 겸 B의 집에 들렀다. B의 얼굴에서 생기라고는 찾아볼 수 없었고 표정이 어두웠다.

"아기 좀 봐봐!"

B는 아기에게 우유를 먹이는 중이었는데 딴 생각을 하느라 아기가 고개를 살짝 돌린 것을 모르고 있었다. 아기의 입에 물려 있던 젖꼭지가 빠져나와 아기의 볼이 우유를 먹고 있었다. 우유가 아기의 볼을 타고 줄줄 흐르고 있었다.

"아휴, 정신 좀 차려!"
"내가 요즘 왜 이러지?"
"많이 힘든 거 알아. 그래도 엄마잖아. 정신 줄을 똑바로 잡아야 할 거 아니야."
"야! 너 너무 쉽게 말한다."

아차 싶었다. 한참 예민한 친구를 붙잡고 충고를 하고 있었다. 친구는 충고가 아니라 공감이 필요했고 위안이 절실했다.

"미안, 많이 힘들지."

B는 아무 말 없이 울기만 했다. 임신과 출산을 거치면서 마음의 감기가 걸린 것이다. 감기에 걸리면 휴식을 취하고 적절한 치료를 받아야 한다. 계속 무리하면 합병증이나 후유증이 생긴다. 마음의 감기도 마찬

가지다. 위로와 돌봄이 필요하다. 심하면 병원을 찾아야 한다.

아이들은 엄마의 눈을 통해 세상을 본다

우울증의 가장 일반적인 증상은 가라앉은 기분이 들고 울적하다. 기운이 빠지고 낙담하고 슬퍼하며 아무런 희망도 갖지 못한다. 시간이 정지한 느낌에 사로잡히며 절망, 심리적 고통, 냉담에 시달릴 수 있다. 매우 슬프고 울음이 쏟아지기도 한다. 더러는 눈물조차 흘리지 못하는 사람도 있다. 삶에 대해 아무런 희망이 없다고 생각하고 자신은 무가치하고 무능한 존재라고 여기게 된다.

B는 우울증의 요소를 모두 갖추고 있었다. 감정코칭으로 도움을 줄까 하다가 전문의 진단과 처방을 먼저 받는 게 좋겠다는 생각이 들었다. B에게 조심스럽게 입을 열었다.

"우울감은 마음에 감기가 온 거야, 우리 몸에 감기 오듯이 말이야."

"휴식을 취하지 못하거나 조기에 치료를 받지 않으면 점점 힘들어질 수 있어."

"병원 치료를 병행하면서 감정코칭도 하자. 내가 도와줄게."

친구는 당황한 얼굴로 나를 보며 말했다.

"내가 정신이 이상하다고?"

건강한 감정은 삶을 살고 싶게 하고,
살게 하는 힘을 되찾아주는 마법 같은 존재다.

"집안에 갇혀 있으려니 잠시 기운이 빠진 거야."

"내가 누군데 그런 병에 걸려?"

계속 설득했지만 B는 자신의 고집을 꺾지 않았다. 그날은 무거운 마음으로 발걸음을 돌릴 수밖에 없었다. B는 그 뒤에 증상이 더욱 심각해져 도저히 아이를 양육할 수 없는 지경이 되자 심각성을 인지하기 시작했다. 그녀는 우울증이 점점 더 깊어진 상태라 극복하는 데 시간이 많이 걸렸다.

익숙한 것을 버리는 일은 쉽지 않다. 하지만 우리는 인생의 성장기마다 과거의 것을 미련 없이 내려놓아야 할 때가 있다. 친구가 그만둔 직장에 대한 억울함 대신 아이를 키우는 일에서 행복을 찾으려고 노력했다면 어땠을까? 자신은 마음의 감기 같은 건 안 걸리는 강한 사람이라는 자만심을 내려놓았다면 어땠을까?

방향이 잘못되었다는 사실을 빨리 알아차릴 수 있었을 것이다. 그로 인해 대처하고 수정할 힘을 하루라도 빨리 찾았을 것이다. 자녀의 인생이 걸린 문제라면 엄마의 반성과 자각은 빠를수록 좋다.

엄마의 감정이 아프면 아이의 감정은 더 아프다. 아이를 키우다 보면 뜻대로 안 되는 일이 다반사로 일어난다. 엄마는 그때마다 감정의 왜곡 앞에 놓인다. 지금 내가 엄마 역할을 제대로 하고 있는지 불안하고 나만 힘든 것 같아서 속상하다. 다른 집 남편은 아이도 잘 봐주고 집안일도 잘 도와주는데 내 남편만 무심한 것만 같아 억울한 감정이 든다. 이 외에도 많은 감정 앞에 무기력한 존재가 되기 쉽다.

모 방송에서는 생후 6개월 된 아기를 대상으로 실험을 했다. 엄마가 평소처럼 아기에게 말을 걸어주고 즐겁게 놀아주게 했다. 엄마는 아이를 보고 방긋방긋 웃어주고 아기의 옹알이에 적절하게 반응을 해주고 따뜻한 스킨십도 해줬다. 아기도 엄마를 따라 팔을 흔들고 발을 꼼지락거리며 밝고 환한 얼굴로 엄마를 보며 즐거워했다.

그러다가 갑자기 엄마가 굳은 얼굴로 아무 표정 없이 아기를 바라보게 했다. 그러자 아기는 당황하기 시작했다. 웃으며 엄마의 표정을 바꾸어보려다가 이내 포기하고 칭얼대는 아기, 엄마 눈치를 보다가 고개를 돌려버리는 아기, 손을 뻗으며 안아달라고 조르거나 울음을 터트리는 아기 등 각각의 반응을 보였다. 엄마의 얼굴 표정 하나에도 아기들은 이렇게 다른 세상을 오간다.

엄마는 아이들에게 세상의 전부다. 아이들은 자신과 세상을 엄마의 눈을 통해 본다고 했다. 자식을 사랑하지 않는 엄마는 없다. 엄마도 사람인지라 힘든 것뿐이다. 힘든 순간을 잘 견디는 힘은 감정에 있다. 감정이 육아의 전부라고 할 만큼 엄마의 감정관리는 그 어떤 것보다 중요하다. 그래서 엄마의 행복한 감정공부는 건강하고 균형 잡힌 육아의 필수 조건인 것이다.

건강한 감정은 삶을 살고 싶게 하고, 살게 하는 힘을 되찾아주는 마법 같은 존재다. 자신의 감정과 욕구를 조절할 줄 알면 어떤 어려움도 견뎌낼 수 있기 때문이다. 이러한 감정조절 능력은 자신을 방어하는 데 지나친 에너지를 쓰는 것을 막아주고, 심리적 안정감을 주어 창조적이고 생산적으로 삶에 대처할 수 있게 한다.

인생의 지혜 한 줄

우리는 종종 필요 이상으로 아이에게 경험을 설명해주는 실수를 저지르곤 한다. 부모가 아이를 따라다니면서 계속 말을 하면 아이 스스로 생각하고 이야기할 여지가 줄어든다. 그 결과 부모가 무슨 말을 해주기 전까지는 아이는 어떠한 일도 '사실'로 믿지 않고 호기심과 창의성이 자라나지 못한다.

– 킴 존 페인, 『내 아이를 망치는 과잉육아』

6. 아이를 알려면 엄마 자신부터 알아라

"지나치게 도덕적인 사람이 되지 마라. 인생을 즐길 수 없게 된다.

도덕, 그 이상을 목표로 하라.

단순한 선함이 아니라 목적 있는 선함을 가져라."

– 헨리 데이비드 소로우

아이의 욕구에 조급해하지 말고 엄마의 욕구에 솔직하라

엄마라면 늘 조급함과 긴장 상태에 놓이게 된다. 과하지도 덜하지도 않은 적절한 긴장감은 일의 효율을 높여준다는 긍정적인 측면이 있다. 하지만 과한 긴장감은 스트레스를 증가시키고 합리적인 판단을 가로 막는다.

엄마는 아이가 잠을 자고 있는 동안에도 그 긴장감을 내려놓을 수 없다. 긴장하지 말고 마음의 여유를 가지라고 말로 하기는 참 쉽다. 아이와 관련된 모든 것은 예측불가능하기 때문에 긴장을 늦출 수 없는 게 엄마의 삶이다. 아이가 자는 동안 처리해야 할 일도 산더미같이 쌓여 있다.

조급함과 긴장감이 반복되면 무엇보다 육아의 과정에서 아이가 주는 행복하고 예쁜 순간을 놓치게 되는 경우가 많다. 아이의 작은 실수나 엉뚱한 질문에도 지혜롭게 대응하지 못하고 감정적인 말이 튀어나오기도 한다. 모처럼 봄나들이를 갔는데 봄을 맘껏 즐기기는커녕 늘 아이를 따라다니고 바라보고 있어야 하는 것과 마찬가지다.

기술과 의학, 지식 산업이 빠르게 변화하고 발달하는 현 시대에 경각심을 갖는 의미에서 슬로우 푸드가 유행하고, 느리게 걷기 동호회들이 생겨나기도 한다. 하지만 아이를 키우는 일에서만큼은 '천천히'와 '느리게'가 용납이 되지 않는다. 옆집 아이가 피아노를 배우면 엄마의 손에는 어느새 피아노 학원 전화번호가 여러 개 들려있다. 윗집 아이가 수학 경시대회에서 우수한 성적을 거뒀다고 하면 엄마는 학원 상담실에 가 있다.

미국 사우스캐롤라이나대학 제프리 로버바움 박사는 출산 후 6~8주 된 엄마들을 대상으로 연구를 진행했다. 결과에 따르면 엄마가 되기 전과 후 시각, 청각, 후각, 다중작업 능력 등이 출산 전보다 월등하게 향상되었다고 한다. 그리고 아기의 울음소리에 반응하는 속도도 달랐다.

프랑스 엄마들의 핵심 마인드는
엄마 스스로를 사랑하고 잘 가꾸어야 행복하고,
행복한 엄마를 보면서 아이도 행복하게 자란다는 것이다.

아기가 울면 첫날에 60퍼센트가 깨고 며칠 뒤에는 96퍼센트로 늘었다. 출산 후 스트레스 호르몬인 코르티솔 수치가 증가하기 때문이다. 코르티솔 호르몬은 아이의 요구에 민첩하게 반응할 수 있게 해주고 경각심이 반경을 넓혀준다. 이러한 과정을 통해 엄마가 신속하게 양육에 필요한 행동을 학습하고 습득하게 도와준다.

문제는 적절한 정도의 스트레스가 아닌 과도한 스트레스로 인한 과량의 코르티솔이 분비될 때이다. 이로 인해 감정적으로 흥분되고 심장 박동이 빨라지고 예민해진다. 이 상태가 지속되면 교감 신경의 균형이 무너진다. 몸은 쉽게 피곤해지고 심리적으로 불안정해진다.

프랑스의 엄마들은 출산 후 1개월만 모유 수유를 하고, 3개월 만에 처녀 시절 몸매로 회복하며, 직장 복귀도 빠르다고 한다. 아무런 죄책감 없이 미용실에 가고, 아이를 유아기관에 맡기러 갈 때도 하이힐을 신고 풀 메이크업을 하고 다닌다고 한다. 한국 엄마들이라면 쉽게 용납하기 어려운 얘기들이다. 프랑스 엄마들을 부러워하기 이전에 그들의 가치관을 잘 살펴봐야 한다.

프랑스 엄마들의 핵심 마인드는 엄마 스스로를 사랑하고 잘 가꾸어야 행복하고, 행복한 엄마를 보면서 아이도 행복하게 자란다는 것이다. 프랑스 아이들이 부모와 소통이 잘되는 이유는 자기 관리가 잘 되어 있는 엄마들의 영향력이 크다고 한다.

자기 관리가 잘 되어 있는 엄마들은 자존감이 높다. 그러한 영향으로 마음의 평정심을 유지하기가 쉽고 아이의 욕구에 대처하는 능력도 뛰어나게 된다. 아이들을 따뜻하면서도 단호하게 대할 수 있는 여유와 안정된 자세를 갖게 되는 것이다.

아이를 잘 키우기 위해 아이의 욕구를 파악하는 것에만 신경 쓰다보면 엄마의 욕구를 제대로 파악하지 못하게 된다. 그것이 쌓이면 자신도 모르게 지친 마음과 몸으로 아이를 대하게 된다.

늘 좋은, 완벽한 엄마일 수는 없다

나도 완벽하게 좋은 엄마가 되려고 몸부림치던 시절이 있었다. 아이에게 내 모든 관심과 사랑을 쏟아부었다. 아들의 표정이 조금만 어두워도 나는 견디지 못했다. 아들이 네 살 무렵이었다. 그때 한참 로봇 만화가 유행이었다. 그리고 만화에 등장하는 로봇들이 장난감으로 만들어져 시중에 나와 인기리에 팔려나갔다.

아이들의 신발과 옷에도 캐릭터로 등장할 정도로 인기를 끌었다. 우리 아들도 다른 아이들과 마찬가지로 로봇 장난감을 너무 갖고 싶어 했다. 로봇과 만화 주인공이 새겨진 운동화도 사주고 옷도 사줬다. 로봇은 새로운 신형이 나올 때마다 사줬다. 장난감 로봇은 가격이 만만치 않았지만 아까운 줄 모르고 사줬다.

하지만 이것은 부모의 적절한 양육태도가 아니다. 아이가 갖고 싶어 한다고 요구사항을 모두 수용해준다면 아이는 절제력과 욕구 조절력을 발달시킬 기회를 잃게 된다. 부모인 우리는 곧 잘못된 양육태도라는 것을 깨닫게 되었고 다시는 그렇게 행동하지 않았다.

조립하며 놀게 되어 있는 장난감 로봇을 사주면 아주 재미있게 잘 가지고 놀았다. 조립했다 풀었다 하면서 만화 속 등장인물들 대사도 흉내 내면서 말이다. 그러다 뭔가가 뜻대로 되지 않았는지 짜증을 냈다. 어른과 마찬가지로 아이들도 짜증나는 감정이 생길 수 있다. 감정에는 짜증, 기쁨, 슬픔, 행복 등 다양한 형태가 있다.

어떻게 계속 행복하고 좋은 감정만을 유지하며 살 수 있겠는가? 그런데 나는 아이가 잠깐이라도 속상해하거나 짜증을 내면 마음이 너무 아팠다. 아들을 늘 행복하게 해주고 싶었던 것이다. 설거지를 하고 있던 장갑을 벗어 던지고 아들에게 다가갔다. 그리고선 별별 쇼를 다한다. 아들은 웃을 수밖에 없다. 아들이 웃을 때까지 하니까.

그러다 보면 엄마는 지치고 감정은 너덜너덜해진다. 나중에는 자꾸 짜증이 늘었다. 육아가 너무 부담스럽고 힘겹게 느껴지기 시작했다.

'좋은 엄마가 아니라도 평범한 엄마만이라도 되자!'

양육모드를 바꿀 수밖에 없었다. 엄마인 나의 감정을 먼저 챙기고 사랑해 주기로 했다. 소소한 놀이를 하다가 아이가 짜증을 내거나 표정이 밝지 않아도 편안하게 대하기로 마음먹었다.

'그럴 때도 있지!'

놀이 등에서 오는 가벼운 짜증은 스스로 처리하는 힘이 놀이 속에 있다는 진리를 알게 되었기 때문이다. 육아를 할 때 중요시해야 하는 것은 균형이다. 아이를 키우며 균형을 잡아야 할 것들이 많겠지만 그 중에서도 가장 중요한 것은 아이와 나의 균형이다. 엄마 자신의 감정적 욕구를 파악하고 존중하는 것에 죄책감을 느껴서는 안 된다.

엄마의 '자기 효능감'이 '양육 효능감'을 좌우한다. 자기 효능감이 낮으면 아이의 단점이 먼저 보이게 되고 자기 효능감이 높으면 장점이 먼저 눈에 띈다. 아이의 장점을 보게 되면 엄마 자신의 감정통제가 수월해진다. 스트레스가 줄어 각각의 상황에 효율적으로 대처할 수 있는 힘을 갖게 된다.

아이에 대한 사랑과 희생도 좋지만 자신을 외면하지 말고 엄마인 나 자신을 따뜻하게 수용해주자. 양육 스트레스가 높을수록 적절한 양육행동을 저하시키게 된다는 것을 잊지 말자. 아이를 잘 돌보기 위해 노력하는 것만큼 엄마 스스로를 잘 돌봐야 한다.

7. 이제는 엄마를 위한 육아를 하라

태평하고 느리고 단순하게 육아하라

"아이만을 위한 육아를 하셨다면, 이제 엄마를 위한 육아를 하세요!"

이렇게 주문하면 '그게 뭔 소리냐?'는 표정을 하는 엄마들이 많다. 그 말의 의미는 아이와 심리적, 감정적 거리를 유지하라는 것이다. 심리적, 감정적 거리를 유지하면 당연히 그에 맞는 행동도 따라온다. 엄마들은 일부러 고민거리를 만들고 분주하게 살려고 한다. 태평하게 있으면 왠지 나쁜 엄마가 된 거 같다. 하지만 느리고 단순할수록 내 아이가 잘 보인다.

은영이 엄마는 누구보다 열혈 육아를 했다. 자신을 육아에 푸욱 담그고 있으면 자신도 아이도 맛깔스럽게 숙성된다고 믿는 것 같았다. 아기 때부터 아이에게 좋다는 건 무엇이든 해주려고 동분서주했다. 주변으로부터 극성이라고 욕을 먹으면서도 개의치 않았다.

"학원 갔다 왔어?"
"얼른 숙제해야지."
"빨리 문제집 풀어야지!"

은영이가 매일 엄마에게 듣는 말이다. 은영이 엄마는 본인이 정말 좋은 엄마라고 생각한다. 날마다 어떻게 하면 좋은 엄마가 될지 고민하고 노력하고 있기 때문이다. 학원 설명회를 빠지지 않고 찾아다닌다. 숙제도 날마다 체크해서 아이가 숙제를 빼먹는 일이 없게 한다. 문제집도 정해진 분량을 꼬박꼬박 풀게 해서 아이 성적에 신경을 쓰고 있다.

그뿐인가?
은영이 생일 파티가 열리면 열 일 제쳐놓고 생일 초대 카드를 만들고 이벤트 계획을 짰다. 자신은 안 먹어도 아이 보약은 해마다 놓치지 않고 해서 먹였다. 학교 학부모 회의도 열성적으로 따라다니며 아이의 비빌 언덕이 되어주려고 노력했다.

"아휴, 정말 속 터져 죽겠어요!"

"다시 뱃속으로 집어넣고 싶어요."

"화가 나고 허무해요!"

그러던 은영 엄마의 하소연이다. 은영이가 사춘기를 맞으면서 날마다 싸운다고 했다. 성적도 자꾸 뒤로 밀려서 그동안 투자한 시간과 돈이 아까워 죽겠다고 했다.

"내가 저를 위해서 얼마나 많은 걸 참고 희생했는데, 배은망덕도 이런 배은망덕이 어디 있어요? 자식 정성 들여 키워 놔봐야 아무 소용없다는 어르신들 말 하나도 그른 게 없어요."

불평불만이 연신 터져 나왔다.

온실 속 화초처럼 키우지 마라

온실의 화초처럼 자란 은영이는 친구들과 소통을 어려워했다. 연극 수업을 하는 날이었다. 연극 수업이란 각자 책을 읽은 다음 그 책을 연극 대본으로 각색해서 역할을 정하고 연습한 다음 발표하는 수업이다. 각색하려면 책을 집중해서 읽어야 하고, 각색하는 과정에서 사고력, 응용력, 창의성을 발휘해야 하는 수업이다.

재미도 있고 보람도 있어 대부분에 아이들이 선호하는 수업이다. 연극 대본을 쓰는 과정과 연극을 준비하고 연습하고 발표하는 과정에서 상호작용과 협업이 필요하다. 그러한 과정을 거치면서 사회성이 발달한다. 대본을 쓰는 과정에서부터 토론과 토의를 거치는데 은영이 팀은 이 과정부터 삐걱거렸다. 대부분 은영이가 문제의 발단이 되곤 했다.

"은영아! 네 고집만 피우면 어떻게 해?"
"내가 언제 내 고집만 피웠어?"
"네가 지난번에도 두 번이나 계속 해설 맡았잖아. 그럼 이번에는 양보해야지."
"나는 해설하고 싶단 말이야."

해설자는 연기 부담과 대사에 대한 부담이 적고 원고를 보고 임해도 된다. 수행 불안을 안고 있는 은영이는 해설자 역할을 선호했다. 지난번에는 친구들이 은영이에게 양보했으니 이번에는 다른 친구들에게 양보해야겠다는 태도가 없었다. 엄마가 은영이의 요구나 욕구를 무조건 수용해주면서 키웠기 때문이다. 자신이 원하는 대로 안 되는 것에 대한 용납이 쉽지 않았다.

이런 경우 사태가 심각해지기 전에 선생님이 나서서 수습하는 수밖에 없다. 냉정하고 단호하게 말한다.

"의견 불일치가 일어날 때는 고집만 피우는 게 아니야. 상대의 의견

이젠 아이를 위한 육아에서 엄마를 위한 육아를 하자.
아이를 키우는 데 쓰는 시간, 돈, 에너지의 삼분의 일만이라도
덜어서 엄마 자신을 위해서 쓰자.

을 경청해야 해. 토론이나 토의를 거쳐 협의해서 좋은 방향으로 나갈 수 있도록 힘을 모아야 하는 거야.”

그때야 은영이는 마지못해 ‘트러블메이커’의 역할을 내려놓았다.

“선생님, 생각은 있는데 몸이 안 따라줘요.”
“화가 나서 심장이 뛰고, 말이 먼저 튀어나와버려요.”
“저도 속상해요. 왜 이러는지 모르겠어요.”

이런 말을 듣고 있으면 가슴이 답답하다. 아이가 얼마나 힘들까 싶어서이다. 초창기에는 자신에 대한 성찰도 없었다. 잘못되었다는 인식 자체가 없었다. 아이가 위와 같은 말을 하는 것은 자신에게 문제가 있음을 인식하고 있다는 증거이다. 문제를 알고 있고, 고치고 싶은데 잘 안 된다는 것이다.

비바람도 맞게 하고 벌레와도 싸우게 하라

‘완벽한 엄마’보다는 ‘적당한 엄마’가 아이들에게는 좋은 엄마다. 친정 부모님은 주말농장을 일구셔서 각종 농산물을 키우는 재미로 노후를 보내고 계신다. 농약을 치지 않고 키운 채소와 열매는 약을 친 농산물보다 벌레도 많이 먹고 자라는 속도도 느리다. 하지만 해를 거듭할수록 자생력이 놀랍도록 좋아진다. 약을 치지 않은 시간이 늘어날수록 땅은 비옥해지고, 농산물들도 스스로 해충과 비바람을 견디고 이겨내는 힘이 강해진다.

열매를 많이 수확하고 싶은 욕심에 모종을 다닥다닥 심었다면 어떻게 되었을까? 여름에 뜨거운 볕이 내려 쬐이면 잎이 자기들끼리 붙어버린다. 그렇게 되면 볕을 골고루 받을 수가 없고 바람길이 사라져 잎이 녹아버린다.

아이들도 이와 마찬가지다. 비와 바람도 맞아보고 해충과 같은 어려운 문제들을 스스로 겪으면서 자생력이 강한 아이로 자라는 것이다. 엄마가 아이를 사랑한다는 이유로 아이의 삶에 지나치게 개입하면 아이로부터 스스로 일어설 수 있는 힘을 빼앗는 것이 된다.

이젠 아이를 위한 육아에서 엄마를 위한 육아를 하자. 아이를 키우는데 쓰는 시간, 돈, 에너지의 삼분의 일만이라도 덜어서 엄마 자신을 위해서 쓰자. 엄마가 자신의 삶의 무대에 온전히 섰을 때, 아이도 자신의 인생에서 주인공으로 살아갈 수 있지 않을까?

방임형 육아와 과잉보호형 육아

과잉이든 방임이든 극단적인 것은 아이에게 좋지 않다. 방임적 육아를 하는 엄마는 아이에게 무관심하다. 회피적인 육아를 하기 때문에 훈육이나 칭찬을 하지 않는다. 정서적 욕구도 채워주지 못하는 경향이 있어 아이가 퇴행적, 적대적, 공격적, 수동적으로 자란다. 그렇게 자란 아이들은 낮은 사회성 때문에 또래와의 상호작용이 어렵다. 우울한 성향을 보이며 비행을 저지르기도 쉽다.

반대로 과잉보호하는 엄마 밑에서 성장한 아이는 세상을 탐색하고 스스로 장애물을 극복하는 능력을 키우지 못한다. 열등감을 심하게 느끼고 자율성이 발달하지 못해 소극적이고 의존적이다. 방임과 마찬가지로 사회적 관계에서도 위축되어 원만한 상호작용에 어려움을 겪는다. 신경증, 분리불안, 수행 불안 등을 경험할 가능성이 크다. 과잉보호가 지나쳐 통제적인 양육을 받으면 욕구 불만과 심리적 갈등이 많아 정서장애를 일으키기도 한다. 또한, 공격적이고 반항적인 성향을 갖게 될 확률도 높다.

8. 아빠는 틀린 게 아니라 다르다

아빠의 어린 시절로 돌아가 함께 놀아라!

남편은 내가 둘째를 임신해서 입덧으로 고생할 때는 물론 출산 후에도 잠시 쉬라며 큰애를 데리고 여기저기 함께 놀러 다녔다. 축구도 하고 산에도 가고 박물관에도 가는 등 아이와 둘이서 즐거운 시간을 보내고 왔다. 아빠와 산에 다녀온 날은 무당벌레, 사슴벌레 등을 채집해 와서 정성껏 돌보고 키웠다.

어찌나 잘 키웠는지 얼마 안 가 녀석들이 토실토실하게 살이 올랐다. 아이는 아빠랑 산을 타고 자연을 누비며 세상이 걸어오는 말에 답했다. 송진 가루와 꽃가루가 어떤 역할을 하는지에 대해 자연스럽게 궁금증을 해결해갔고, 개울물에 사는 수중생물의 생활을 관찰했다. 그러면서 나만이 아닌 주변의 것들도 돌보고 사랑해야 한다는 것을 알아갔다. 곤충들을 자연으로 다시 돌려보낼 때는 사랑에는 그 대상에 대한 소유와 욕심을 넘어선 희생과 숭고함이 있다는 사실을 배웠다.

"엄마, 무당벌레도 사슴벌레도 잘 있겠지?"
"엄마, 눈이 오는데 무당벌레랑 사슴벌레가 춥지 않을까?"
"아빠, 무당벌레와 사슴벌레가 나를 기억할까?"

아이는 그렇게 이타적인 감정을 아빠와 함께하는 놀이를 통해 배웠다. 많은 아빠들이 아이와의 놀이를 어려워한다. 그리고 놀아 줄 시간을 좀처럼 내기도 어렵고 왜 놀아줘야 하는지도 모르겠다고 한다.

다소 불완전하고 간단한 것이라도 좋다. 그냥 아빠가 하는 걸 아이의 눈높이에 맞춰서 해주면 된다. 아빠들끼리 조기 축구나 다른 운동도 가끔 하지 않는가? 그걸 아이와 함께 해주면 된다. 아이에게 맞는 거리와 속도만 조절해주면 된다. 남편에게 아이랑 같이 나가면 힘들지 않느냐고 질문했던 적이 있다. 그러나 남편의 답변은 나를 감탄하게 했다.

"내 키를 줄이고 내 생각을 어린 시절로 돌리면 별로 어렵지 않아!"

아빠 놀이는 엄마 놀이와는 다르다

영국 뉴캐슬대학에서 1958년 3월 둘째 주에 그 지역에서 태어난 아이들의 인생을 추적하는 연구를 했다. 연구 결과, 아빠의 양육이 아이의 유년기는 물론 성인이 되어서까지 영향을 미쳤다. 아빠가 적극적으로 양육에 개입한 아이들의 11세 지능지수는 그렇지 않은 아이들보다 훨씬 높았다. 아이들이 자라 42세가 되었을 때의 사회적 지위도 확연히 높았다. 그만큼 아빠의 놀이는 중요하며 또한 특별하다.

EBS 다큐멘터리 〈놀이의 반란〉에서 엄마와 아빠의 놀이가 어떻게 다른지 비교하는 실험을 했다. 다양한 장난감이 있는 놀이공간에서 아이들과 엄마, 아빠가 어떤 놀이를 하는지 지켜봤다.

엄마는 놀이를 하는 내내 다양한 감정을 표현했다. 쫓고 쫓기는 상황을 묘사하면서 '아~ 무서워! 도망가자!'라고 말하기도 했다. 그러나 아빠는 똑같이 쫓고 쫓기는 상황인데도 감정에 대한 묘사는 하지 않는다. 대신 도망치는 방법, 쫓는 방법에 대한 표현을 한다. '얘는 날개가 달려서 날 수 있어! 지붕 위에 올라갔다!' 아예 놀이의 방식 자체가 다르기도 하다. 엄마는 내면의 감정을 자극하며 정적인 역할 놀이를, 아빠는 규칙을 세워 온몸을 사용하는 신체 놀이를 주로 한다.

엄마와 아빠에게 아이의 사진을 보여주면서 FMRI 촬영을 했다. 그 결과 뇌가 활성화되는 부위가 달랐다. 엄마는 시각적인 뇌가, 아빠는

아이들은 아빠와의 놀이를 통해서 갈등과 문제를 해결하고
감정과 공격성을 조절하는 방법을 배울 수 있다.

생각하고 판단하는 뇌가 활성화됐다. 아빠의 놀이는 규칙, 공간지각 능력, 사고력, 판단력, 힘을 조절하는 능력과 관계된다. 엄마의 놀이는 공감, 시각적, 언어적, 정서적인 능력과 관련이 있다.

아빠와의 놀이가 아이의 사회성을 기르는 가장 좋은 방법 중 하나이다. 엄마는 놀이를 학습처럼 여기며 가르치고 지시하는 경향이 있지만 아빠는 재미에 중점을 둔다. 일상생활과 가깝고 편하다. 아이들은 아빠와의 놀이를 통해서 갈등과 문제를 해결하고 감정과 공격성을 조절하는 방법을 배울 수 있다. 또한 적극적으로 몸을 쓰면서 스트레스와 공격성을 건강하게 해소하는 방법을 깨우친다.

아이와 아빠의 관계도 존중하라

그리스의 한 대학에서는 유치원에 다니는 4~5세의 자녀를 둔 부모 약 400여 명을 대상으로 연구를 실시하고 아이와의 놀이를 어떻게 생각하고 있는지, 아이와 얼마나 자주 놀아주고 있는지를 질문했다.

'아이에게 놀이란 무엇인가?'
'놀이를 통해 무엇을 얻을 수 있는가?'

이에 대한 아빠, 엄마의 대답에는 큰 차이가 발견되었다. 엄마에게 놀이는 발달이나 학습의 도구이지만 아빠에게는 친밀감 형성과 즐거운 시간을 가질 기회라는 대답이 나온 것이다. 즉 놀이의 목적 자체가 아빠와 엄마는 완전히 다른 것이다. 평소에는 놀이의 목적에 대해 생각하지 않겠지만 실은 놀이를 통해 무엇을 얻고 싶은지를 무의식적으로 투사하고 있는 셈이다.

엄마는 아이가 놀면서 무언가 배우고 조금씩 성장해주기를 바란다. 주로 아이와 말장난이나 숫자, 문자 등을 가르치는 게임을 하거나 종이를 접고 잘라 풀칠하여 공예품을 만든다. 그리고 공원이나 놀이터에서 친구와 함께 놀 기회를 만들어주거나 소꿉놀이 등을 같이 한다. 주로 교육, 창작, 사회성을 기르는 놀이를 선호하는 것이다.

반면 아빠는 이러한 놀이는 잘 하지 않는다. 도구를 사용하지 않고 몸만 가지고 하는 놀이가 아빠 특유의 놀이 방법이다. 이것을 반복하게 되면 아이와 직접 살을 맞대는 스킨십을 통해 유대감을 강화하는 효과가 있다. 포옹이나 목말을 태우고 높이 들어올리는 등 아빠이기 때문에 안심하고 할 수 있는 놀이 뒤에는 그런 유대감의 육성이 있다.

또한 이 연구 결과는 일반적으로 엄마가 아이와 보내는 시간이 아빠보다 길기 때문에, 그 시간을 효과적으로 활용하고 싶다는 마음이 더 강하다는 것도 보여준다. 반대로 함께 보내는 시간이 한정된 아빠는 교육보다는 친밀감 형성에 더 주력한다는 것이다.

엄마들은 이러한 아빠의 놀이방식이 자신과 다르다는 이유로 불안감을 갖거나, 다른 요구 사항을 표출하기도 한다. 아이들을 인솔하고 야외수업을 나갔을 때의 일이다. 아빠와 아이는 농구코트에서 즐겁고 신나게 농구를 하고 있었다. 아이의 엄마는 옆 벤치에 앉아서 그 모습을 지켜보고 있었다. 잠시 후 아이와 아빠가 농구를 마치고 벤치로 왔고, 아이의 엄마가 남편에게 말했다.

"당신이 애 데리고 맨날 농구나 하고 축구나 하고 있으니 애가 노는 것만 좋아하잖아요."

옆에서 듣는 내가 민망했다. 그 아빠의 이마에는 땀이 송글송글 맺혀 있었고, 아직 가쁜 숨도 가시기 전이었다.

이런 일이 발생하는 것은 아빠는 엄마와 '다르다는 것'을 '틀린 것'이라고 받아들이기 때문이다. 상대의 행동을 틀린 것이라고 받아들이면 고쳐야 한다는 부정적인 감정이 생긴다. 놀이에서 가장 중요한 것은 그 방법은 달라도 놀이에 부모가 좋은 의미로 함께하는 것이다. 다름에서 오는 차이는 특별함을 뜻하기도 한다. 다르기 때문에 오히려 아이에게 다양하고 풍부한 놀이경험을 줄 수 있다.

아카 족 남자들은 세상에서 가장 육아에 헌신적인 아빠들이다. 그들은 하루의 대략 47퍼센트 정도를 아이들을 안고 있거나 바로 옆에서 아이들을 보살핀다. 여자들이 여전히 육아의 많은 부분을 담당하지만, 아카 족 남자들은 육아의 모든 측면에 온전히 관여하며, 대부분의 일을 엄마와 함께 나눈다. 아빠들이 아기를 씻기고 방바닥을 닦는다. 밤에 아기가 울면 아빠가 일어나서 아기를 달래는 경우도 드물지 않은데, 아빠의 젖꼭지를 가볍게 빨도록 할 정도다.

— 로먼 크르즈나릭, 『역사가 당신에게 들려주고 싶은 이야기』

emotion · communication · trust

4장

아이와 나를 사랑하게 되는 감정수업

1. 충분히 조절할 수 있는 본능, 감정!

내 마음에 따라 남에게 할 수 있는 역량이 달라진다

내가 전에 살던 동네에는 환자들로 문전성시를 이루는 병원이 있었다. 예약도 받지 않고 방문 접수만 받아주던 곳인데도 말이다. 그러다 보니 병원에 가서 오랜 시간을 대기해야 했는데 그런 불편을 감수하면서도 많은 환자들이 이 병원을 찾았다.

이유는 의사가 한 사람 한 사람 진심을 다해 진료했기 때문이다. 환자가 화를 내도, 이유 없는 불만을 터트려도 그걸 다 들어주고 마음을 이해해주었다. 그러니 환자 한 사람 진료하는 데 다른 의사들보다 진료시간이 길어질 수밖에 없었다. 대기하고 있는 환자들까지 문전성시를 이루니 기다리는 시간이 참으로 답답하고 지루했다.

그런데도 참고 견딜 수 있었던 것은 따뜻하고 진심이 담겨 있는 진료를 받을 수 있다는 기대 때문이었다. 의사는 형식적인 의료행위를 넘어 환자와 교감하고 소통하려 노력했다. 더욱 신기한 것은 그 의사에게 진료를 받고 나면 다른 병원에 비해 빠르게 완치가 된다는 것이다.

"몸이 아프니 괴로우시지요?"
"어디가 제일 불편하시지요?
"식사하기 싫더라도 꼭 챙겨 드셔야 합니다!"
"따뜻한 물 많이 드시고 무리하지 마세요."

비법은 특별한 것에 있지 않다. 의사는 작은 차이로 큰 효과를 만들었다. 몸이 아프면 마음까지 함께 아픈 게 인지상정이다. 몸이 아프면 감정의 평온과 균형이 무너지고 괴로운 마음이 든다. 아픈 마음을 몰라주는 주변 사람들이 서운해지기 쉽다. 이럴 때 평범하고 사소한 말이지만 누군가 내 마음을 알아주는 공감의 말을 해준다면 어떨까?

의사에게 치료받고 있는 행위 자체가 1차 안정요소를 제공한다. 거기다 환자의 이야기를 열심히 들어주는 의사의 태도가 2차적인 안정요소가 된다. 그런데 마음까지 이해해주니 천군만마를 얻은 듯 든든해지는 것이다.

궁금해서 어느 날 내가 물었다.

"선생님, 선생님은 어쩜 그리 환자의 마음을 잘 헤아리세요?"

그분의 대답에서 해답을 찾을 수 있었다.

"저는 날마다 내 감정 돌보기를 합니다. 내 마음을 먼저 자주 살피고 어루만져주는 것이지요. 그래야 남의 마음, 환자의 마음이 보입니다."

그 의사의 말처럼 먼저 내 마음이 안정되고 편안해져야만 타인에게 긍정적인 메시지를 보낼 수 있는 여유가 생긴다. 반대로 내 마음이 불안하고 불만에 차 있으면 타인에게 좋은 영향을 줄 여유가 사라진다.

화낼 때 5단 콤보, 비난-강요-협박-조롱-비교

"지영이 너 이리와 봐! 엄마가 네 방 청소 분명히 하라고 했는데 왜 안 했어?"
"못할 수도 있지요, 엄마도 집안일 못할 때 있잖아요!"

엄마가 꾸중을 하면 지영이가 반성하고 수긍해야 하는데, 엄마의 예상과 어긋난다. 그러자 엄마는 좋은 엄마가 되기로 한 것은 모두 잊어버린다. 엄마는 점점 화가 나서 비난하기 시작한다.

"너 커서 뭐가 되려고 엄마 말을 이렇게 안 들어!"

그런 다음 강요를 한다.
"너 당장 네 방 들어가서 방 청소하고 나와!"

협박도 한다.
"너 친구하고 못 놀 줄 알아!"
"너 용돈 안 줄 거야!"

그럴수록 아이는 더 엇나간다. 그러자 조롱도 한다.
"네가 엄마 말 안 들으니까 그 모양, 그 꼴인 거야!"

그러다 엄마들이 심심하면 꺼내드는 비교 카드까지 등장한다.
"네 친구 시현이 좀 봐, 걔는 방 청소만 잘하는 게 아니잖아. 공부도 잘해! 너는 네 방 청소 하나도 제대로 못하면서 뭘 할 수 있겠니?"

지영이는 엄마가 이해가 안 간다. 어제는 방 청소를 안 했어도 웃어넘겼다. 하지만 오늘은 180도로 달라진 모습으로 심하게 화를 낸다.

엄마의 화를 아이에게 투영하지 마라

사실은 지영이가 모르는 게 있다. 지영이 엄마는 오늘 시댁에 들렀다가 몹시 상처받는 일을 겪었다. 부엌에서 나름 시어머니를 돕겠다며 열심히 반찬을 만들고 설거지를 했다.

"물 좀 아껴 써라! 너는 왜 이렇게 헤프냐?"

"반찬이 짜다. 소금을 조금만 넣어라!"

"네 동서 좀 봐라, 얼마나 손끝이 야무지냐!"

시어머니가 동서와 대놓고 비교를 했다. 이런 일이 한두 번이 아니다. 지영이 엄마는 속상하고 화가 나는 감정을 꾹꾹 눌러 참는다. 하지만 상처를 받은 마음은 숨길 수가 없었고, 자존심은 상할 대로 상했다. 그러다 보니 엉뚱한 곳으로 불꽃이 튀는 것이다.

이렇게 같은 문제 앞에서도 기분에 따라 태도가 달라진다. 평소에는 아무렇지도 않은 일이 감정에 따라 화가 나서 견딜 수 없는 일이 되기도 한다. 감정은 내 것이면서도 마치 남의 것처럼 멋대로 움직이기 때문이다.

아이의 행동을 교정하려 할 때 수치심을 주거나 죄책감, 두려움을 줘서 의도하는 바를 이룰 수는 있다. 하지만 과연 아이가 그 행동을 어떤 마음으로 하는가를 한 번 생각해봐야 한다. 엄마의 지금 감정 상태를 점검하고 나면 관점을 돌리고 싶어질 것이다. 화가 날 때는 단 30초만이라도 호흡을 멈추고 내가 지금 왜 화가 났는지를 살펴보자. 그렇게

화가 날 때는 단 30초 만이라도 호흡을 멈추고

내가 지금 왜 화가 났는지를 살펴보자.

그렇게 내 감정 들여다보기를 하면

상황을 이성적이고 합리적으로 판단할 수 있는 여유가 생긴다.

내 감정 들여다보기를 하면 상황을 이성적이고 합리적으로 판단할 수 있는 여유가 생긴다.

감정대로만 하고 살면 상처를 주게 된다

'감정관리를 잘 하세요.' 하면 감정조절을 과하게 하는 경우가 발생한다. 화내면 안 된다는 생각에 자신의 감정을 지나치게 억누르고 참는다. 또는 침울한 모습을 보이면 안 된다고 여겨 밝게 웃는 모습만 보여주려 한다. 하고 싶은 말, 해야 할 표현까지 지나치게 자제한다. 우울하거나 속상한 마음을 애써 감추려고 웃는 얼굴의 가면을 쓰는 것이다. 그런 태도는 건강한 감정관리와는 거리가 멀다. 그로 인해 쌓인 화가 결국에 화병을 만들고, 우울증의 문제를 낳기도 한다.

일상생활을 하다 보면 화가 날만 한 상황이나 상처받을 일이 자주 발생한다. 그때마다 감정대로 하고 나면 '내가 이 정도밖에 안 되나?' 하는 자괴감에 빠지기도 한다. 감정은 누구에게나 있고, 자연스러운 것이고 본능적인 것이다. 다른 것이 있다면 감정을 조절하는 능력이다. 꾸준한 트레이닝만 한다면 누구나 춤을 추듯 요동치는 감정 앞에서 의연해질 수 있다.

2. 아이의 행동 뒤에 숨은 감정을 찾아라

"자식은 부모의 행위를 비추는 거울이다."

– C. 스펜서

아이의 손을 억지로 잡아끄는 육아는 괴롭다

"으아앙! 으아앙!"

오늘도 현수는 바닥에 드러눕다시피 하며 고집을 부리고 떼를 쓴다.

"너 계속 그러면 엄마 혼자 간다!"

"으아앙! 으아앙!"

"빨리 안 올래?!"

고막을 찢을 듯한 울음소리에 사람들 시선이 쏠린다. 현수 엄마는 주변 사람들의 시선에 난처하고 어떻게 해야 할지도 모르겠다. 현수는 외출을 하면 특별한 이유도 없이 떼를 쓰는 일이 습관처럼 되어버렸다. 안하무인이고 무법자가 따로 없다. 집에서와 다르게 밖에만 나오면 고집을 피우고 뜻대로 안 되면 울고불고 난리다. 집에서는 엄마 말도 잘 듣고 별 문제가 없다. 엄마는 아이를 어떻게 대해야 할지 괴롭다고 하소연한다. 현수를 달래도, 얼러도 보고 화도 냈지만 상황은 점점 어렵게 되어간다고 했다.

아이의 행동 뒤에 숨은 원인을 찾아라

현수는 도대체 왜 그럴까? 아이는 지금 짜증이 나고 화가 많이 나 있다. 오늘 현장체험에서 친구가 자신의 가방을 뒤지고 현수가 좋아하는 간식을 허락도 없이 먹었다. 나중에 먹으려고 아껴두고 있었다. 그런데 친구는 미안해하지도 않고 사과할 생각도 없었다. 현수는 그런 상황에 화가 나서 소리를 질렀고 둘이 몸싸움 직전까지의 말다툼이 오고 갔다. 그 모습을 보고 선생님은 둘에게 똑같이 꾸중을 하고 벌칙을 줬다. 그동안 열심히 모았던 칭찬 스티커도 5개씩이나 빼앗겼다. 너무 억울했지만 누구도 현수의 마음에 귀를 기울여 주지 않았다.

그 일로 집에 올 때까지 기분이 좋지 않았다. 그런데 집에 오니 동생이 현수가 많은 시간을 들여 정성껏 만들어놓은 블록들을 망가뜨려놓았다. 엄마에게 속상한 마음을 얘기했지만, 엄마는 동생이 아기라서 그러니 네가 이해하라고만 한다. 엄마 아빠는 현수의 기분을 인정해주지 않는다. 마트에 와서도 엄마 아빠가 하고 싶은 대로 하려고 한다. 그냥 빨리 필요한 물건만 사고 집에 가려고 한다.

현수는 현수 나름대로 자신이 얼마나 속상하고 화가 나 있는지 표현하는데도 엄마와 아빠는 자신의 감정을 알아주지 않는다. 이때 현수가 선택한 나름의 방법이 이것이었다. 사람이 많이 모인 곳에서는 엄마 아빠가 자신의 요구사항을 빨리 알아차려준다! 현수는 이것을 경험적으로 알고 있었다. 사람이 많이 모인 마트에 가면 '기회는 이때다!' 싶은 마음에 자신의 기분을 공격적으로 표현하는 것이다.

'동생이 어리니까 이해해라!'
'친구와는 서로 양보하고 사이좋게 지내야 한다!'

이런 말들은 아이에게 아무런 도움이 안 된다. 더구나 아이는 표현 능력이 발달되지 않은 상태라 원하는 바를 정확하게 전달할 수가 없다. 그러다 보니 울음, 고집, 떼쓰기 등의 형태로 나타난다. 부모가 아이의 손을 억지로 잡아끄는 육아는 엄마도 아이도 괴롭다. 아이의 행동에 숨어 있는 원인을 먼저 찾자.

부모가 아이의 손을 억지로 잡아끄는 육아는 엄마도 아이도 괴롭다.
아이의 행동에 숨어 있는 원인을 먼저 찾자.

"우리 현수가 화가 많이 났구나!"

"우리 현수가 동생 때문에 많이 속상했구나!"

지금 현수가 느끼고 있는 감정을 있는 그대로 인정해준 다음 현수의 생각이나 의견을 물어야 한다. 그러면 현수는 분명 자신의 마음을 말할 것이다. 그런데 여기까지 도달해도 종종 아이와 마찰을 빚는 부모님들이 많다. 예를 들면 이때 현수가 거기서 욕구를 멈추는 게 아니라 힘들고 피곤하니 동생처럼 안아 달라고 우긴다.

이 경우 "그건 안 돼!"라고 냉정하고 쉽게 말해버린다. 지금 상황에서 별로 좋은 방법이 아니거나 요구를 들어주기 곤란한 상황이면 선택권을 아이에게 주는 것이다. 지금 상황이 어떤지를 설명해주고, 왜 현수의 요구를 들어줄 수 없는지 얘기해준다. 그리고 이렇게 묻자.

"현수야. 너는 어떻게 했으면 좋겠니?"

이런 저런 이야기를 나누는 과정에서 아이는 존중받는다는 느낌을 받으며 마음이 편안해지고 안정된다. 부모의 친절한 설명을 들은 아이는 떼쓰지 않고 받아들일 확률이 높다. 직면한 상황에 지혜롭게 대처할 수 있는 능력도 배우게 된다. 아이를 존중한다고 무조건 '예스!' 하는 것이 아니라 위의 예시처럼 안 되는 상황을 설명해주고 아이와 소통해야 한다. 감정을 받아주되 행동에는 제약이 따를 수 있다는 사실을 알려주는 것이다.

어린아이라서 아무것도 모른다고 생각한다면 오판이다. 정서적 배려 없이 방임, 간과, 억압해서는 안 된다. 부모로부터 이해받지 못하고 보살핌을 받지 못하고 있다는 감정을 느낀다. 그로 인해 좌절과 실망, 욕구 불만이 쌓이게 된다. 그것이 계속 쌓이면 아이는 불안한 정서를 가지고 성장한다. 아이의 행동만 보지 말고 행동 뒤에 숨어 있는 원인을 찾아야 하는 이유이다.

인터넷의 정보를 무조건 믿지 마라

SNS를 통해 우리는 오늘도 다양한 정보를 접하고 있다. 그야말로 정보의 홍수 시대다. 그 속에는 내 아이에게 맞지 않거나 잘못된 정보도 많다.

몇 년 전 모 일간지에는 엄마들을 긴장시키는 기사가 실렸다. B씨는 서른여덟이라는 늦은 나이에 첫딸을 낳아 누구보다 육아에 관심이 많았다. 인터넷 육아 사이트와 블로그 등을 찾아보며 열심히 정보를 수집했다. 그곳에는 돌도 안 된 아기에서부터 유치원생에 이르기까지 책 읽기에 빠진 아이들이 줄줄이 소개되어 있었다.

책을 읽고 영재성을 보이는 아이들이 신기했다. B씨는 자신의 딸도 영재로 키워보고자 아기 때부터 수백만 원을 들여 전집을 들여놓았다. B씨의 아기는 그렇게 10개월에 500권, 두 돌 때는 1000권을 읽어야 했다. 아기는 생후 10개월 무렵부터 기저귀를 갈고 젖을 먹는 시간 외에는 온종일 책만 찾을 만큼 심한 중독 증세를 보였다.

B씨는 그러던 어느 날 아이가 이상하다는 생각이 들었다. 아이의 눈

빛에 초점이 없었기 때문이다. 아이는 때가 되어도 기지 않았고 돌이 지나도록 걷지 못했다. 걱정이 된 엄마는 인터넷의 유명 육아 사이트를 다시 찾았다. 그곳에서는 아이가 몰입하는 것이고 영재성의 증거라는 글들이 올라왔다. 엄마는 안도하고 안심했다. 그런데 아이의 상황은 점점 심각해졌다. 신체 발달이 현저히 늦고, 세 돌이 지나도록 계단을 서너 개밖에 올라가지 못할 정도로 발육이 늦었다.

더 이상은 안 되겠다 싶어 책 읽기를 멈췄다. 대신 많이 놀아주려고 노력했다. 책 대신 아이를 안고 놀이터로 향했고, 부모님은 물론 이웃 아이들과도 놀 수 있는 기회를 많이 만들어 주려 노력했다. 그러자 아이는 놀랍게도 건강한 모습을 서서히 회복하기 시작했다. B씨는 자신이 그동안 아이를 학대했다는 것을 깨닫고 많이 가슴 아파했다고 한다.

생후 10개월이면 울고 웃고 찡그리고, 옹알이 하면서 말을 배우고, 손과 발을 열심히 꼼지락거리고 기어다니고 하는 시기이다. 아기만의 고유한 몸짓으로 아기가 느끼는 정서나 요구사항을 표현해야 하는 시기이다. 그런데 10개월 된 아기가 기저귀를 갈고 젖을 먹을 시간 외에는 꼼짝 않고 책만 보고 있다는 걸 생각하면 안타까운 일이다.

3. 일관성 없이 갑자기 화부터 내지 마라

"교육이란 화를 내지 않고, 자신감을 잃지 않으면서도

모든 것에 귀 기울일 수 있는 능력이다."

– 로버트 프로스트

갑자기 버럭하는 엄마, 아이는 불안해진다

아이들이 가방을 들고 문을 들어서는 모습을 보면 그날의 기분이 어땠는지를 알 수 있다. 아이들은 감정을 능숙하게 컨트롤할 수 있는 능력이 없다. 수진이는 들어올 때 기분이 별로 좋아 보이지 않았다.

"수진아 어서와! 오는데 더웠지?"
"선생님, 안녕하세요! 힘들어요."

기운이 너무 없어 보여 좀 걱정이 되었다.

"무슨 일 있었니?"
"아니에요."

다른 아이들도 있는데 계속 꼬치꼬치 물을 수는 없어 수업을 진행했
다. 그런데 수업하는 내내 발표도 하지 않고 시무룩해 있어서 마음을
무겁게 했다. 수업 중에 전화벨이 계속 울렸다. 급한 전화 같아서 확인
하니 수진이 어머님이었다.

"선생님. 수진이 괜찮아요?"
"어머니, 수진이 무슨 일이 있었나요?"
"학원 갈 시간이 다 되었는데 동생하고 아이스크림 가지고 싸우고 있
잖아요. 그래서 좀 심하게 야단을 쳤어요."
"어머니. 수진이 잘 도착해서 지금 수업하고 있어요. 잘 살펴보겠습
니다."

아이들이 문제를 푸는 동안 수진이를 잠깐 다른 교실로 불렀다.

"수진아, 선생님이랑 엄마랑 전화로 잠깐 얘기 나눴단다. 수진이를
꾸중하고 학원에 보내서 엄마가 마음이 아프신가봐. 학원 시간 다 되었
는데 수진이가 갈 생각을 안 하고 있어서 엄마가 많이 속상하셨다는구
나!"

“엄마는 매일 동생 편만 들어요. 아이스크림도 내 용돈으로 산 건데 동생에게 무조건 양보하라고 하잖아요.”

수진이는 봇물 터지듯 엄마가 자신에게 평소 어떻게 했는지를 얘기했다. 엄마는 웃다가도 마음에 들지 않으면 갑자기 화를 버럭 낸다는 것이다. 그래서 깜짝깜짝 놀라게 되고 엄마가 옆에 있으면 불안하다고 한다. 수진이는 동생과 차별받는 것도 억울한데 엄마가 갑자기 화를 내니 더욱 속상한 것이다.

정말 ‘화내지 않는 엄마’가 될 수 있을까?

화내지 않는 엄마가 과연 가능할까? 육아를 하면서 화를 내지 않고 늘 변함없이 따뜻하고 온화한 모습만을 보여준다는 것은 어려운 일이다. 아이를 키우다 보면 돌발 상황이 발생하는 일이 비일비재하기 때문이다. 아이들에게는 자제력을 요구하기도 어렵다. 배고프면 배고프다고 칭얼대고, 졸리면 졸리다고 난리다. ‘지금 엄마가 바쁘니까 조금 기다려줘야겠다.’라는 생각을 못한다.

엄마의 감정근육이 약해지면 평소에는 잘 참던 일도, 그날의 컨디션이나 기분에 따라 갑자기 화를 내는 상황이 발생하게 된다. 엄마의 그런 모습을 보는 아이들은 불안해진다. 아이들은 사건의 시작과 전개, 결말을 구분할 줄 모른다. 갑자기 화를 내고 있는 엄마만 보인다.

아이들은 엄마가 갑자기 화를 낸다고 느끼면
자기 행동에 대한 옳고 그름을 판단하는 기준이 모호해진다.

아이들은 엄마가 갑자기 화를 낸다고 느끼면 자기 행동에 대한 옳고 그름을 판단하는 기준이 모호해진다. 똑같은 행동을 했는데 엄마가 어제는 아무런 반응이 없다가도 어떤 날은 얼굴을 붉히고 화를 내기 때문이다. 아이가 그런 상황에 빈번하게 노출되면 잘못된 행동을 교정하려고 노력하는 것이 아니라 엄마의 눈치만 살피는 아이로 변한다.

엄마의 감정이 아이의 정서뿐만 아니라 아이의 생활 태도에 끼치는 영향은 절대적이다. 아이가 평소에 말을 잘 안 들어 죽겠다며 불평하는 어머님들이 있다. 그것은 아이가 엄마를 무시해서거나 버릇이 없어서가 아니다. 아이가 정체성의 혼란을 겪고 있는 것이다. 엄마가 일관성 가지고 아이를 대하지 않았기 때문이다. 아이는 무엇을 해야 하고 무엇을 하지 말아야 하는지에 대한 기준이 모호하고 혼란스러운 것이다. 아이를 나무랄 게 아니라 엄마가 감정 끈을 단단히 조여야 한다.

아이 마음 속 긍정의 씨앗이 되라

『화』의 저자 틱낫한은 이렇게 말했다.

"우리의 마음은 밭이다. 그 안에는 기쁨, 사랑, 즐거움, 희망과 같은 긍정의 씨앗이 있는가 하면 미움, 절망, 좌절, 시기, 두려움 등과 같은 부정의 씨앗이 있다. 어떤 씨앗에 물을 주고 꽃을 피울지는 자신의 의지에 달렸다." – 틱낫한, 『화』

그러니 긍정적인 씨앗에 물을 주려고 노력하는 것이 마음을 다스리는 평화의 길이며, 그것이 행복을 만드는 법칙이다. '화'는 우리 마음속의 일이므로 그것을 다스리는 것도 우리가 마음속을 어떻게 가꾸느냐에 따라 달라진다.

엄마가 기분에 따라 이랬다저랬다 하며 화를 내면 아이는 잘못에 대한 반성 대신 혼날 것에 대한 두려움이 앞선다. 자신이 공정한 평가를 받지 못할 것이라고 예측한다. 그로 인해 올바른 행동을 하고자 하는 동기가 사라진다. 엄마가 아이를 대하는 태도는 아이의 마음속에 모종을 심는 것이나 마찬가지다. 『화』의 저자 틱닛한의 말처럼 엄마의 마음속에 있는 긍정의 씨앗에 물을 많이 주어 건강한 모종을 키워야 한다. 그 모종이 우리 아이의 씨앗이 되고 열매가 된다.

 인생의 지혜 한 줄

"화는 모든 불행의 근원이다. 화를 안고 사는 것은 독을 품고 사는 것과 마찬가지다. 화는 나와 타인과의 관계를 고통스럽게 하며, 인생의 많은 문을 닫히게 한다. 따라서 화를 다스릴 때 우리는 미움, 시기, 절망과 같은 감정에서 자유로워지며, 타인과의 사이에 얽혀 있는 모든 매듭을 풀고 진정한 행복을 얻을 수 있다."

―틱닛한, 『화』

아이 표정이 부모를 닮는다

나는 슈퍼를 잠깐 운영한 적이 있다. 슈퍼를 하려고 인수했던 것은 아니고 리모델링해서 편의점을 열려고 했었다. 부수입을 만들 목적으로 아르바이트생만으로 운영이 가능한 편의점을 선택한 것이다.

그런데 바로 옆에 곧 다른 편의점이 입점한다는 소식이 들렸다. 계획대로 추진된다면 두 편의점 간에 치킨 게임이 될 게 뻔했다. 임자가 나타나면 매도하려고 했지만 좀처럼 주인 될 사람이 나타나지 않았다. 시간이 될 때마다 카운터를 지키곤 했는데 그때 각양각색의 사람들을 만날 수 있었다.

슈퍼라고 하면 육체노동이 전부인 직종 같지만 그건 오해다. 물건을 파는 게 아니라 내 감정을 파는 것 같았다. 피곤하고 기분이 별로여도 손님들에게 웃으며 "어서 오세요!"와 "안녕히 가세요!"를 외쳐야 했다.

다양한 사람들을 만났던 만큼 다양한 감정을 경험했다. 화를 잘 내는 손님, 그에 반해 화를 낼 줄 모르는 손님, 늘 웃고 다니는 손님, 항상 어두운 얼굴로 다니는 손님. 엄마한테 꾸중 듣고 징징 울며 오는 아이, 동생 손 잡고 와서는 동생 울리고 가는 아이, 병든 할머니를 정성껏 챙기는 아이, 아버지에게 맞는 아이 등등 그들의 행동과 눈빛에서 감정을 읽을 수 있었다.

그리고 그 감정의 근원지가 어디인지를 알게 되었다. 대부분 부모와 닮아 있었다. 일란성 쌍둥이처럼 닮아 있어 신기할 정도였다. 화를 잘 내는 손님의 경우 그 집 아이들도 화를 잘 낸다. 그리고 밝은 표정의 아이는 부모의 표정도 밝고 온화하다.

4. 아이 감정을 사소하게 취급하지 마라

"교육은 어머니의 무릎에서 시작된다.

아이들은 들은 대로 말하고 본 대로 행한다는 것을 잊지 말라."

– 호세아 발로우

'내 말은 아무도 안 들어!'라는 속상한 마음이 아이를 좀먹는다

감정은 삶을 이끌어가는 연료다. 감정이 그 사람의 에너지가 되는 것이다. 따뜻하고 긍정적인 감정은 삶을 진취적이고 행복하게 만들어준다. 반대로 부정적인 감정은 기운 빠지게 하고 좌절을 안겨준다. 우리는 종종 감정의 힘을 망각하고 결과만 바라본다.

아이가 지금 슬퍼하거나 화를 내고 있다면 분명 이유가 있을 것이다. 결과만 보려하지 말고 관점을 바꿔서 아이의 감정을 들여다보자.

"집에 못 가! 날 피해서 한 번 가봐!"

그날도 그 녀석은 내 하교 길을 막아서고 날 괴롭히고 있었다. 나보다 워낙 덩치가 커서 겁을 먹기에 충분한데 머리 크기까지 유난히 컸다. 나에게는 공포의 대상이었다. 별명도 대갈장군이었다. 지금은 머리 큰 것만 생각나고 이름조차 기억이 나지 않는다. 편의상 별명으로 부르겠다. 대갈장군은 하교 길만이 아니라 쉬는 시간에도 내 주변을 얼쩡거리며 나를 괴롭혔다. 선생님과 부모님에게 얘기를 해봤지만 별 것 아니라는 듯 넘겼다.

초등학교에 입학하던 날부터 나보다 키가 한참이나 큰 친구들 속에서 적지 않은 충격을 받았다. 달리기를 해도 나는 늘 꼴찌로 들어왔다. 다리가 짧아 보폭이 좁다 보니 있는 힘을 다해도 따라갈 수가 없었다. 넘어져서 무릎이 깨지는 일은 아무것도 아니었다. 책상도 왜 그렇게 높은지 글씨를 쓰다 보면 팔이 금방 아파 왔다. 가방도 너무 크고 무거웠다. 그런 나를 친구들은 놀리기 좋아했고 함께 놀아주려 하지 않았다.

나만 친구들에 비해 발달이 늦은 거 같아 학교생활이 고달프고 괴롭기만 했다. 학교생활도 너무나 버거운데 나를 괴롭히는 대갈장군이라는 괴물이 나타난 것이다. 그날은 유난히 숙제가 많은 날이었다. 숙제를 안 해온 아이들은 손바닥 5대씩 맞고 남아서 청소도 해야 한다고 선생님이 말씀하셨다. 청소하는 것이야 어떻게 하면 그만이지만 매를 맞아야 한다는 게 무섭고 싫었다. 전날 놀지도 못하고 숙제만 했었다. 수업 시간이 되었고 안심하며 가방을 열었다. 그런데 챙겨 온 숙제가 흔적도 없이 사라졌다. 어젯밤에 가방 챙길 때 분명히 넣었고 불안해서 아침에도 한 번 더 확인하고 나왔다. 그런데 온데간데없이 사라져버린 것이다.

속은 타들어갔지만 찾아도 나오지 않는 숙제를 어떻게 할 수가 없었다. 선생님은 교실에 들어오시자마자 여지없이 숙제 검사부터 하셨다. 열심히 숙제를 하고도 손바닥을 맞아야 하는 게 억울해서 선생님께 사실대로 말씀을 드렸다. 그러나 선생님은 "숙제를 열심히 해 오는 것도 중요하지만 잊지 않고 잘 챙겨 오는 것도 중요해!"라고 하시고선 바쁘시다는 듯 손바닥을 때리고 넘어가셨다.

눈을 질끈 감고 손바닥을 맞고 돌아서서 내 자리로 돌아오는데 대갈장군이 나를 보고 피식 웃는 것이 느껴졌다. 저 녀석이 장난을 친 게 분명했다. 분하고 괘씸했다. 하지만 나는 어떤 방법으로도 항의하거나 대항할 생각을 할 수가 없었다.

그때의 좌절감은 이루 말할 수가 없었다. 얘기해봐야 누구도 더 이상 내 얘기에 귀 기울여 줄 것 같지 않았다. 슬프고 속상한 마음을 어디에서도 위로받을 수 없다는 생각이 들었다. 아이가 혼자 감내하기는 힘든 감정이었다. 그 당시 잠을 자고 일어나면 이불이 축축해질 정도로 식은 땀을 흘렸다. 악몽에 시달렸고 자꾸만 몸이 허약해졌다.

아이들의 감정쯤이야 별 것 아니라는 생각이나
바쁜 일은 잠시만 내려놓자.
아이를 사랑한다면 말이다.

사랑한다면 작은 감정도 크게 공감하라

집에 오면 나는 할머님과 부모님에게 학교 가기 싫다고 졸랐다. 이유가 뭐냐고 물으시면 입을 닫아버렸다. 얘기해봐야 무시만 당할 것 같았다. 날마다 학교만 다녀오면 학교를 안 가겠다고 문고리를 붙잡고 애원했다. 어른들도 더 이상 어쩔 수가 없으셨던 모양이다.

나는 그렇게 초등학교 1학년 중퇴를 했다. 훗날 알게 된 사실이지만 나는 초등학교를 여섯 살에 입학했다. 친구들보다 두 살이나 어렸으니 키도, 발도, 손도 작을 수밖에 없었다. 유치원에 다닐 나이에 초등학교에 입학했으니 적응하기가 쉽지 않았던 것이다.

시간이 한참 흐른 뒤, 결혼하고 아이들 키우면서 어느 날 문득 그 일들이 떠올라, 당시의 심정을 부모님께 말씀드렸더니 기억도 못하시고 계셨다. 아이는 괴롭고 힘든 시간을 건너왔는데 타인뿐만 아니라 부모님까지도 기억조차 못하는 일이 왜 발생하는 것일까?

아이의 감정을 소소한 것이라 취급하기 때문이다. 어리니까. 놀다보면 잊고, 좀 더 크면 별 것 아니라고 생각하게 될 것이라고 여긴다. 어른의 입장에서는 소소한 것이라고 생각하는 일들이 아이 입장에서는 그렇지 않은 경우가 많다. 아이들은 어른과 다르게 외부에서 주어지는 자극에 대처할 수 있는 능력이 전무하다. 그런 감정들을 방치하면 아이는 감정의 크기를 자꾸 키우게 된다.

아이들의 감정쯤이야 별 것 아니라는 생각을 버리고 바쁜 일도 잠시만 옆으로 치워놓자. 아이를 사랑한다면 말이다. 아이와 눈높이를 맞추고, 마음의 키를 맞추고 귀를 기울여주자. 아이가 자신의 감정을 말로 표현하도록 돕자. 이해심을 가지고 귀 기울이며 아이의 감정을 이해한다는 점을 전달하자.

사랑하는 아이를 행복하게 만드는 방법을 찾아 부모들은 오늘도 고민하고 많은 희생을 감수한다. '감정을 공감해주면 아이는 저절로 행복해진다.'라는 명백한 진리를 바로 앞에 두고도 말이다.

어디에도 이야기하지 못한 속마음

내가 여섯 살에 초등학교 입학이 가능했던 것은 내 호적의 출생년도의 오류 때문이었다. 무슨 연유로 그렇게 된 것인지 끝내 원인을 밝힐 수가 없었다. 지금도 그 호적 그대로 쓰고 있고 여전히 남의 옷을 입은 것처럼 불편할 때가 많다. 여섯 살짜리에게 초등학교 생활은 버겁고 고달팠다.

친구와 잘 지내라는 말도, 공부 열심히 하라는 말도 유치원생이 듣기에는 공허한 메아리에 불과했다. 주변엔 실상 언니 오빠들뿐이었고, 공부도 어려웠다. 그러나 그것이 끝이 아니었다. 그 후에도 학교 생활을 하면서 잘못된 호적으로 인해 내내 불이익을 받거나 부담을 느껴야 했다. 학교뿐만 아니라 사회에서도 마찬가지였다.

내가 다니던 학교는 새 학기가 되면 생활기록부를 친구들 앞에서 일일이 확인했다. 실제 나이로 다시 학교에 입학했는데, 이번에는 친구들보다 두 살이 많았다. 그로 인해 친구들이 나를 서먹해하는 일이 발생한 것이다.

나이라는 것이 호적에 적힌 숫자에 불과하다고 할 수도 있을 것이다. 하지만 당해보지 않은 사람은 잘 모른다. 학교에 다니면서 나는 수시로 정체성의 혼란을 겪어야 했다.

어디에도 제대로 소속감을 느낄 수가 없었다. 호적상 나이로 살아야 할 때도 있고 실제 나이로 살아야 하는 상황에 놓이기도 했다. 양쪽을 오가면서 혼란스러웠다. 학교를 졸업하고 기업체 면접에서도 여러 번 불이익을 당했다. 속상하고 억울하고 답답했다. 그러나 어디에도 말하지 못하고 혼자만 끙끙 앓았다.

5. 나만 힘들다는 착각에서 벗어나라

아이에게 문제가 있는 것도, 엄마가 부족한 것도 아니다

원석이 엄마를 처음 봤을 때 너무 지쳐 보였다. 맞벌이와 살림하는 것도 힘든데 아이 때문에 살맛이 나지 않는다고 했다. 아이 키우는 일이 너무 힘들다고 하소연했다. 하루에도 몇 번씩 감정이 격해져서 아이에게 소리를 지르고 손이 먼저 나간다고 한다. 밤에 자는 아이 얼굴을 보면 후회하고 눈물 흘리지만 다음 날 눈을 뜨면 똑같은 일이 반복된다고 했다.

엄마와 공감의 경험이 많지 않은 아이들은 화가 나는 감정을 섬세하게 표현하지 못한다. 엄마가 "왜 화가 난 건데?"라고 물어도 아이는 "몰라!"라고 대답하는 상황이 벌어진다. 자신을 힘들게 하는 것을 효과적으로 전달할 수 없다. 일방적으로 훈계를 당해왔고. 생각을 말하면 말대꾸 한다고 혼나왔기 때문이다.

이런 경우 엄마들은 아이와 기 싸움을 하려고 한다. 아이가 괜한 떼를 쓰거나 고집을 피운다고 생각하는 것이다. 문제의 근원을 찾기보다 아이 자체를 문제로 보기 시작한다. 아이의 문제 행동에 초점을 맞추는 것이 아니라 '고집이 세고 짜증을 잘 부리는 아이'로 단정지어버리는 것이다.

원석이네 가족은 일주일에 세 번은 온 가족이 모여서 저녁 식사를 함께 하는 것을 원칙으로 했다. 그 시간에 서로의 일과에 대해 얘기하고 담소를 나누며 가족 간의 정을 돈독히 해왔다. 그러나 늦둥이인 셋째 원석이가 태어난 후로 이 원칙이 무너졌다. 원석이는 음식에 뭔가 내용물이 섞여 있으면 완강히 거부했다. 억지로 먹게 되면 모두 뱉어내거나 토해냈다.

근본적인 원인을 모르는 엄마는 아이를 식탁에 앉히기 위해 날마다 전쟁 아닌 전쟁을 해야만 했다. 원석이 엄마는 자신이 늦은 나이에 출산을 해서 아이가 허약하다고 생각했다. 맞벌이로 바빠서 제대로 신경을 써주지 못하는 것도 늘 마음 아파했다. 체중미달에 키도 작고 체력이 약해 걱정이 많았다. 아이와 함께 있는 시간이면 밥그릇을 들고 아이 꽁무니를 졸졸 따라다녔다. 밥 몇 숟가락 먹는 조건으로 갖고 싶다는 걸 사주기도 했다. 그렇잖아도 발육이 시원찮아 걱정하고 있는데 국물만 먹고, 밥 한두 숟가락 먹는 시늉만 하고 일어서니 엄마의 속이 타들어갈 수밖에 없다.

"너 그렇게 안 먹으면 키 안 커!"

"그만 먹는다고요. 주스랑 우유 마실게요."

"그렇게 먹고 어떻게 체력을 유지하냐고. 힘들어서 친구들과 축구도 못하잖아!"

"아, 그만 좀 해요!"

"공부도 하려면 체력이 있어야 해. 학년이 올라갈수록 체력 싸움이라고!"

"아, 진짜 지겨워. 공부도 안 하고 축구도 안 할 거예요!"

안간힘을 쓰며 꽉 막고 있던 감정의 둑이 와르르 무너져 내렸다. 엄마의 손이 아이의 등짝에 내리 꽂히고 저녁 식탁은 험악해진다.

병원에 데리고 가서 검사를 받아봤지만 아무 이상이 없었다. 그러던 어느 명절날 시댁의 밥상에서 문제의 원인을 찾았다.

"아이고, 이 녀석! 어미 젖 물어야 할 때 할미랑 밥 나눠먹고 하던 녀석이 왜 이렇게 입이 짧아졌노!"

할머니의 말을 듣고서는 무릎을 친 것이다. 맞벌이하는 엄마를 대신해 할머니가 원석이를 돌봐주셨다. 원석이는 애초에 소화기관이 약하게 태어났는데 원석이 할머니는 당신이 자식들 키우던 방식으로 손주를 돌봤다. 우유나 젖을 물려야 할 시기에 밥을 입으로 씹어서 먹이는 등 고형식을 자주 먹였다. 눈에 보이는 큰 탈은 없었지만 아기는 아무도 모르게 소화불량을 앓아왔다. 그리고 자라는 내내 몸은 소화불량의 기억을 고스란히 간직하고 있었던 것이다.

아이가 아니라 행동 원인을 잡아라

원석이의 몸과 무의식 속에 건더기 음식에 대한 거부감이 있었다. 그걸 모르고 있던 엄마는 다른 곳에서 원인을 찾았다. 근본 원인을 몰라 증상을 더욱 악화시킨 것이다.

원석이 엄마는 코칭을 받은 대로 아이에게 일체 밥 먹으라는 말을 하지 않았다. 국물만 마시고 일어나도 눈총을 주지 않았다. 대신 자연 상태의 주스 등 건더기 없이 먹을 수 있는 영양가 있는 음식들을 냉장고에 채워놨다. 그리고 가족들은 예전처럼 따뜻한 이야기를 나누며 행복하고 즐겁게 식사했다.

"이 봄동 너무 맛있네."

"그래요, 퇴근하는데 좌판에 놓여 있는 게 파릇파릇하니 맛있게 생겼더라고요. 농약도 치지 않고 키운 것이래요."

"엄마, 생선조림이 입에서 살살 녹네."

"무도 먹어봐! 무는 더 맛있어."

그러던 어느 날 원석이가 "그게 그렇게 맛있어?"하고 묻더란다. 엄마는 그때 하마터면 너무 기뻐서 괴성을 지르며 벌떡 일어날 뻔했다. 그날 당장 젓가락을 든 것은 아니지만 희망이 찾아온 것이다.

이제는 원석이도 식탁의 주인공이 되었다. 원석이가 심각했던 만큼 엄마의 기다림과 노력은 길고 지루했다. 아이를 힘들게 했던 빚을 갚고 있는 것이라는 마음으로 감정이 격해지려는 순간들을 견뎠다고 했다.

엄마도 사람이다, 당연히 힘들다

엄마로 산다는 것은 누구에게나 쉬운 일은 아니다. 나도 모르게 소리 지르고, 화내는 감정적인 모습을 대면할 때면 괴롭다. 아이에게 좋은 양육 환경을 만들어주고 싶고 좋은 부모가 되고 싶은 게 엄마 마음이다. 마음과 달리 아이에게 상처를 주고 있는 자신을 만날 때 엄마는 자책을 넘어 절망하게 된다. 육아를 하며 겪는 고충은 일일이 나열하기 어려울 정도로 다양하다. 그중에서 가장 힘든 것이 엄마가 감정관리가 안 될 때이다. 감정관리의 부재는 한 사람의 인격을 피폐하게 만든다.

엄마 스스로 명상, 운동, 독서, 좋은 글 등을 통해
스스로를 돌보는 시간을 꾸준히 갖자.
그러다 보면 나만 힘든 엄마라는 착각에서 벗어나게 될 것이다.

세상을 보는 관점의 공정성도 흔들리게 한다. 나만 못난 사람 같고. 세상에서 나만 힘든 것 같다.

변화무쌍하고 예측 불가능한 것이 아이를 키우는 일이다 보니 심리적 견고함이 절실한 게 엄마의 자리이다. 하지만 엄마도 사람인지라 말처럼 쉽지가 않다. '육아만큼 힘든 일은 없다.'는 자조 섞인 하소연이 쏟아지는 이유이다.

하찮은 일로 화가 치밀 때는 아이의 문제를 내가 너무 확대 해석하고 있는 것은 아닌지 돌아보자. 엄마가 감정적으로 예민해져 있거나 흥분해 있으면 작고 사소한 문제도 크게 보인다. 그리고 문제를 문제로만 보지 않고 아이 자체를 부정하게 된다.

'나는 문제아야!'
'나는 할 줄 아는 게 없어.'
'나는 가치가 없어.'

엄마의 예민하고 감정적이고 부정적인 태도는 아이에게도 똑같은 감정을 느끼게 하여 이렇게 자존감을 심각하게 손상시킨다. 아이의 자존감은 아이가 자신의 삶을 리드해 갈 수 있는 엔진이다.

다른 집 아이에게는 너그러운 시선도 내 아이에게만은 예외가 되는 경우가 많다. 엄마와 아이는 너무도 가까운 사이다 보니 숲을 보지 못하고 나무만 보는 오류를 범하는 것이다. 우리가 숲을 관망하기 위해서는 숲에서 좀 떨어져야 하듯 엄마 노릇도 마찬가지다. 엄마의 감정이 안정되어 있지 않으면 숲을 보는 일은 어렵다. 즉 엄마의 정신건강이 보장되어야 한다. 엄마 스스로 명상, 운동, 독서, 좋은 글 등을 통해 스스로를 돌보는 시간을 꾸준히 갖자. 그러다 보면 나만 힘든 엄마라는 착각에서 벗어나게 될 것이다.

6. 숨 막히는 책임감에서 벗어나라

"더 이상 더할 것이 없을 때가 아닌,

더 이상 뺄 것이 없을 때 완벽함에 도달한다."

– 앙투안 드 생텍쥐페리

책임감 때문에 아이들에게 떼 쓰지 마라

부모를 통해 아이는 더 나아질 수 있을까?

당연하다.

하지만 부모가 아이에 대한 지나친 책임감에서 벗어나야 한다는 전제가 필요하다. 책임감의 무게가 무거우면 무거울수록 욕심이 생기기 때문이다. 자녀 양육에 관한 한, 사람들이 받아들이는 '마지노선'의 범위에 한계가 없다. 물이 넘쳐도 넘치는 줄 모른다. 내게 아이의 인생과 미래를 통제할 권리가 없는데도 당연히 통제할 수 있는 것처럼 행동한다. 아이에 대한 사랑과 기대가 넘치지 않게 덜어내는 노력이 절실하다.

입시 설명회장은 언제나 인산인해를 이룬다. 전국에서 모여든 부모님들의 열기만큼이나 설명회장의 분위기도 뜨겁다. 꼼짝하지 않고 숨소리마저 죽이고 하나라도 놓칠세라 집중하고 있는 부모님들을 접하면 우리나라의 교육열을 짐작해볼 수 있다. 자녀의 성공이 곧 부모의 성공이고 아이의 인생이 곧 부모의 인생이다. 고등학교 입시 제도나 대입제도가 변경될 때마다 학부모들의 걱정만큼이나 열기도 뜨거워진다. 입시 설명회장으로, 학원 상담실로 분주하게 움직인다. 점수 몇 점에, 등급 하나에 그야말로 목숨을 건다.

다른 부모들과 마찬가지로 형호 부모님도 둘째가라면 서러운 자녀 교육 열성파다. 형호 엄마는 도시락을 싸들고 입시 설명회장을 찾아다닐 정도다. 아이들도 내과 의사인 아빠처럼 의사가 되길 바란다. 그래야 내 아이들이 미래에 행복하고 편하게 살 수 있을 것이라고 생각한다. 엄마도 직장에 나가고 있었지만 아이들 학업을 돕기 위해 그만두었다.

"좋은 대학에 들어가서 자랑스럽고 행복한 아들이 되어달라고 하셨어요."
"저한테 다 필요해서 공부시키는 것이라고 말해요."
"시대의 흐름에 맞춰야 하니까 공부를 열심히 해야 한다고 하세요."

공부에 지친 아이들이 털어놓는 이야기들이다. 아이들의 미래를 생각하는 마음과 책임감 때문이라고 부모들은 말한다. 몸에서 열이 나면 경계해야 하듯 우리 마음에도 열이 나면 합병증이나 후유증을 경계해야 한다.

부모들은 아이를 위하는 마음에서라고 하면서 아이들에게 떼를 쓰고 있는 것이나 다름없다. 아이들은 부모의 그런 태도에 불편한 감정을 느끼고 의욕을 잃는다. 이때 잠시 휴지기를 가지지 못하면 아이 스스로 감정과 정서를 살피기 위해 소리 없는 저항을 한다. 부모님의 압박에 못 이겨 학원을 가지만 멍하니 앉아 있는 시간이 많고 학교에서는 잠만 잔다. 부모가 아이를 생각하는 마음이, 그 책임감이 정작 자녀를 궁지로 몰고 있는 것이다.

엄마의 열정이 정말로 아이에게 도움이 되는가?

4차산업혁명에 대한 경고음이 울려 퍼지고 있다. 지금 우리가 알고 있는 것들이 미래에 그대로 적용 가능할까? 미래에도 형호 부모님의 생각처럼 좋은 대학에 들어가면 아이가 행복할까? 과연 미래에 필요한 공부를 하고 있는 걸까? 시대의 흐름에 맞춰야 하니까 열심히 공부하라는데 과연 옳은 길을 가고 있는 건가?

어떤 엄마들은 아이를 위해 각종 자격증을 따는 열성을 보이기도 한다. 사교육비가 많이 들다 보니 궁여지책으로 엄마가 내 아이의 선생님이 되고자 하는 것이다. 아이의 어휘력 향상에 도움을 주겠다며 독서지

부모님의 압박에 못 이겨 학원을 가지만
멍하니 앉아 있는 시간이 많고 학교에서는 잠만 잔다.
부모의 아이를 생각하는 마음이, 책임감이 자녀를 궁지로 몰고 있는 것이다.

도사 자격증을 따고, 정서 함양을 위한 미술 교육까지 받는다. 엄마들의 그런 열정이 아이와 아이의 미래에 과연 얼마나 도움을 줄 수 있을지 고민해봐야 하지 않을까?

아이들과 수업 중에 마인드맵을 해보면 아이들의 생각이나 요즘 생활을 어느 정도 짐작할 수 있다. 아이들이 관심 있거나 평소 접하는 단어들이 많이 등장한다. 아이가 무엇을 좋아하는지, 불안 요소가 무엇인지, 요즘 무엇이 아이의 시간을 많이 차지하고 있는지가 보인다. 심리 상태까지 읽을 수 있는 것이다.

예를 들면 공부라는 단어가 나오면 이어지는 낱말들에서 아이들이 공부에 대한 부담과 스트레스가 어느 정도인지가 보인다. 부모님이라는 단어가 나오면 꼬리를 물고 이어지는 낱말들에서 부모님에 대한 마음이나 생각을 읽을 수 있다.

덧셈 사랑보다 뺄셈 사랑을 만들어가자

아이들은 무한 경쟁의 시대에서 지쳐가고 있다. 부모님의 지나친 기대에 힘들어 하면서도 말을 못하고 있다. 미래를 못 보는 부모의 '교육 문맹'이 아이들의 지친 마음을 위로받기 어렵게 만들고 있다. 점수나 등수, 등급으로 수치화되어 아이들이 가치를 평가한다. 세상을 향해 눈에 보이지 않는 나의 생각, 감정을 살펴 달라고 말할 엄두를 내지 못한다.

아래는 킴 존 페인의 『내 아이를 망치는 과잉 육아』에 나오는 아이의
감성과 가능성을 깨울 수 있는 구체적인 방법들이다.

- 집에서는 다른 곳에 있을 때보다 시간이 천천히 흐르고 느긋하다.
- 아이를 위한 공간이 있고, 하루 중 가족과 함께하는 시간이 있다.
- 허용과 배려로 아이가 마음껏 놀고 탐험할 수 있다.
- 과잉과 과속, 재촉으로 인한 스트레스가 없다.
- 복잡한 요소들을 제한해 집안이 어지럽거나 어수선하지 않다.
- 평온하고 안정적인 분위기가 자리잡혀 있다.
- 아이를 깊이 이해하고 부모의 직감으로 보살핀다.
- 아이는 부모가 자신에게 관심을 갖고 보호하고 이해해 주는 걸 알고 감사한다.
- 아이가 신체적으로나 정서적으로 지치면 회복할 수 있는 시간과 편안한 분위기를 만들어준다.
- 아이가 실망스러운 모습을 보일 때도 부모의 사랑으로 그 너머를 바라보고 품어준다.

부모로서의 책임감에 대한 무게를 덜어내고, 아이의 미래를 위해 덧
셈 사랑보다 뺄셈 사랑을 만들어가면 좋겠다.

제2의 부모, 스승!

우리에겐 제2의 부모가 있다. 다름 아닌 스승이다. 고등학교에 다닐 때 나는 부반장을 맡게 되었다. 나를 믿고 응원해준 친구들의 기대를 저버리지 않기 위해 반장을 잘 보조하고 우리 반을 민주적으로 이끌고 싶었다.

이전의 리더들이 독단적으로 일을 처리하는 것에 문제가 있다고 여겼기 때문이다. 학급 일에 있어 친구들의 의사를 반영하여 가장 합리적이고 효율적인 방법을 모색하고 싶었다.

하지만 장애물이 있었다. 그건 다름 아닌 선생님이었다. 우리 담임선생님은 제자들에 대한 사랑과 희생이 남달랐다. 제자들에 대한 책임감이 누구보다 강하신 분이었다. 그러다 보니 아직 어린 우리가 못 미덥고 불안했다. 혹시나 잘못될까 걱정이 되신 것이다.

결국 선생님과 나는 심리적 간극이 생기기 시작했다. 심리적 거리는 곧 마음의 거리가 되고 그 거리는 모든 것의 거리를 만들어냈다.

감정 처리가 미숙한 청소년기의 나는 하늘 같았던 선생님과의 대치를 감당하기 어려웠고 전학을 결심하게 되었다. 학교를 떠나던 날 반 친구들은 한 명 한 명 모두가 정성껏 쓴 60여 통의 손편지를 안겨줬다. 친구들과 헤어져야 하는 슬픔을 위로하고도 남았다.

어떻게 반 친구들 모두가 일사불란하게 따뜻한 마음을 표현해낼 수 있었던 걸까? 짐작하건대 제자들에 대한 사랑이 남달랐던 담임선생님의 사과와 배려가 아니었을까 생각한다.

7. '워킹'과 '맘' 사이에서 나를 지켜라

워킹맘은 '감정의 연결'이 힘들다

H는 5살, 3살 아이를 둔 5년 차 워킹맘이다. 아침마다 전쟁도 이런 전쟁이 없다. 아침 6시에 일어나 가족들 아침 식사를 간단하게 준비하고 출근 준비를 한다. 아이를 깨우고 씻기고 밥을 먹인다. 옷을 입히고 양치를 시키는 것은 아빠가 도와주어도 정신없기는 마찬가지다. 엄마는 국에 밥을 대충 말아 거의 마시듯 하고 나온다.

분주하게 준비를 마치고 어린이집에 도착해도 워킹맘의 육아 전쟁이 끝난 것이 아니다. 작은 아이가 엄마와 떨어지지 않으려고 울고불고 발버둥을 친다. 그런 아이를 어르고 달래서 간신히 떼어놓고 회사에 오면 워킹맘으로 사는 것에 대한 회의를 느낀다. 일을 시작도 안 했는데 벌써 피곤이 몰려오는 것 같다. '엄마를 사표 낼 수는 없고 직장을 그만둬야 하나?'라는 생각이 절실하다.

그런데 마음대로 그만둘 수도 없다. H는 전세로 거주하고 있어 매년 인상되는 전세금을 올려줘야 하고 집 장만할 준비도 필요했다. 아이의 교육을 위해서도 돈을 벌어야 한다.

그렇다고 엄마로서의 자책감에서 자유로운 것도 아니다. 회식이라도 있는 날이면 '워킹'과 '맘' 사이에서 눈치가 보인다고 한다. 출장에서도 양해를 구하고 열외를 부탁하는 일도 염치가 없기는 마찬가지다. 베이비시터의 도움을 받아봤지만 아이와 잘 맞지 않고 비용도 만만치 않아 중단했다.

현실이 이렇다 보니 자신도 모르게 매사에 감정적으로 대응하게 된다고 한다. 이로 인해 아이는 물론 남편에게도 짜증을 내게 되고, 회사의 동료와 트러블이 생기는 일도 다반사였다. 사람과 사람의 연결은 '감정의 연결'로 이루어진다. 가족과 평온한 시간을 보내기도 어렵고 웃는 낯으로 아이를 대하기도 어려웠다.

엄마가 싸우는 동안 아이도 이겨내고 있음을 알라

어느 날 수업을 마치고 집에 오니 6학년 아들이 혼자서 밥을 먹고 있었다. 거실 창문을 통해 들어오는 어둠을 등지고 있어서인지 아들의 뒷모습이 그렇게 슬퍼 보일 수가 없었다. 화장실로 들어가 숨죽여 한참을 울었다. 공부를 참 잘하던 녀석이 성적도 자꾸 떨어지고 있어 신경이 쓰이던 중이었다. 아들의 쓸쓸한 뒷모습에 마음이 아파 눈물을 훔치고도 집안일과 공부에 다음날 수업 준비에 바빴다.

순하고 착한 아들이라 엄마를 귀찮게 하거나 투정 부리지 않고 나름 잘 지낸다고 생각했다. 그러나 아들이 따돌림과 싸우고 있었다는 걸 시간이 한참 흐른 후에 알게 되었다. 어느 날 아들이 목 놓아 서럽게 울면서 따돌림 당했던 고충을 털어놓았다. 그리고 스스로 거기서 벗어나기 위해 어떻게 했는지를 말하는데 아들도 엄마도 펑펑 목놓아 울었다.

아들은 위기를 이겨내기 위해서는 먼저 따돌림을 주도한 아이들에게 강해 보여야 한다고 생각했다. 할 줄 모르던 욕을 익혀서 입에 달고 살았다. 분노를 삭이기 위해 뼈에 금이 가도록 주먹으로 벽을 쳤다. 축구하다가 다쳤다고 해서 그런 줄 알았었다. 아들은 자신이 함부로 해도 되는 존재가 아님을 알려주고 싶었다고 했다. 그러한 상황에서도 꼬임에 넘어가 자신에게서 멀어져간 친구들을 다시 찾기 위해 자존심을 내려놓고 먼저 손 내밀기를 계속 시도했다.

아들을 왕따시켰다는 녀석의 이름을 듣고는 더욱 충격적이었다. 내가 만날 때마다 따뜻하게 대해줬던 녀석이었다. 그 아이의 엄마와도 가깝게 지내던 사이였다. 그 아이가 학교에서 말썽을 많이 피워 엄마가 불려 간다는 것은 알고 있었다. 등잔 밑이 어둡다고, 내 아들도 피해자였다는 사실을 뒤늦게야 알게 된 것이다. 내가 그런 녀석을 만나기만 하면 사랑으로 대했다고 생각하니 견디기가 어려웠다. 당장 찾아가서 가만 안 두겠다고 흥분하는 엄마를 아들이 말렸다. 이젠 다 지난 일이라는 것이다. 아들은 그 시간을 혼자서 견디고 이겨낸 것이다.

누군가를 사랑할 수 있는 힘은 자존감에서 나온다

워킹맘의 자녀 양육 고민은 공통 숙제다. 물리적으로 아이에게 쏟을 시간이 절대적으로 부족하다. 심신이 지친 워킹맘에게 자녀 양육은 양보다 질이라는 말은 허상에 불과할 때가 많다.

한 일간지에서 워킹맘을 괴롭히는 4중의 압박을 다음과 같이 꼽았다.

첫째, 국가의 부실한 지원제도와 부족한 인프라.
둘째, 육아는 엄마가 해야 한다는 사회적 압박.
셋째, 워킹맘들에게 비호의적인 남성적인 조직 문화.
넷째, '돕는다'는 생각뿐 육아와 가사분담에 적극적이지 않은 남편.
직장과 육아 사이에서 한계를 깨달은 엄마들에게 일과 양육을 어떻게 분배할 것인지가 고민거리다. 아이에게는 일하느라 바쁜 엄마, 직장에서는 애 키우느라 바쁜 직원으로, 편견의 눈들과 싸워야 한다. 나보다 편하게 사회생활하는 남편에게 괜한 원망을 퍼부은 적도 있을 것이다. 여자로 태어난 것을 원망하기도 하고, 회사를 탓해보기도 했을 것이다. 그러다 결국은 화살을 자신에게 돌리게 된다. '모두가 내 탓이야.'라며 자신에 대한 자책과 연민의 감정으로 귀결된다.

누군가를 사랑할 수 있는 힘은 자존감에서 나온다.
자신을 비하하는 감정보다 삶에서 치명적인 것은 없다.

누군가를 사랑할 수 있는 힘은 자존감에서 나온다. 자신을 비하하는 감정보다 삶에서 치명적인 것은 없다. 워킹맘도 건강한 감정을 가지기 위해 스스로 노력할 필요가 있지만, 국가와 기업이 적극적으로 해결책을 모색해야 한다. 직장에서는 감정치유를 위한 프로그램을 적극적으로 도입해야 한다. 육아와 직장생활을 병행하느라 지친 엄마들의 마음을 어루만져주어야 한다. 단 도입시에는 실효성을 염두에 두고 추진해야 한다. 퇴근 후나 점심시간 등 근무 외 시간이 아니라 근무시간을 빼서 진행해야 한다. 걱정과 부담 없이 편안한 마음으로 참여할 수 있어야 진정한 감정치유가 가능하기 때문이다.

기업의 입장에서 당장은 손실 같지만, 미래를 위한 가장 확실한 투자 중 하나가 될 것이다. 워킹맘의 사회진출 욕구가 확대되고 있고 지금도 많은 분야에서 워킹맘들이 활발하게 일하고 있다. 이들의 감정, 즉 마음의 건강을 지킬 수 있다면 기업의 실적이 월등하게 개선되고 사내의 분위기도 밝아질 것이다. 국가에서는 그런 기업에 지원이나 세금 감면 등의 혜택을 준다면 기업이 합리적인 선택을 하게 하는 동기부여가 될 것이다.

엄마들이 '워킹'과 '맘' 사이에서 자신을 지킬 수 있는 날이 하루라도 빨리 오길 소망한다.

워킹맘의 부담

통계청의 조사에 의하면 작년 기혼 여성의 취업률은 50퍼센트에 이른다. 많은 여성이 출산 후에도 일하고 있다는 것을 짐작할 수 있다. 취업률은 자녀가 성장할수록 계속 올라간다. 그 중에는 자기계발보다는 생계를 위해 어쩔 수 없이 일하는 워킹맘이 많다. 직장을 다니는 이유로 자녀 교육비와 학원비 마련이 34%로 가장 많았고, 생활비 마련 28%, 노후자금 확보 21% 순으로 나타났다.

시어머니, 친정어머니, 베이비시터 등의 지원을 받으면 좀 낫겠지만 그것도 상황이 여의치 않은 엄마들이 많다. 워킹맘들은 여러 가지 이유로 육아와 직장에 얽매여 장시간 노동이 일상화되어 있다. 아이가 크면 전쟁과도 같은 일상에서 벗어날 수 있을까? 아니다. 직장에서 직급이 올라 과중한 업무와 성과 압박에 시달려야 한다. 아이들의 교육에 대한 부담도 아이들이 클수록 점점 커진다.

8. 완벽한 엄마보다 행복한 엄마가 되라

"우리가 사랑으로 할 수 있는 일은 위대한 일이 아니라 사소한 일이다."

— 테레사 수녀

엄마라고 해서 완벽할 수는 없다

아이를 사랑하는 마음이 커지다 보면 완벽한 엄마가 되려고 한다. 하지만 완벽한 엄마가 아니라 행복한 엄마가 좋은 엄마라는 사실을 간과하지 말아야 한다. 완벽은 실수를 용납하지 않는 상태를 의미한다. 실수하지 않겠다는 태도는 불안감으로 표출된다. 불안한 감정은 아이를 양육하는 데 전혀 도움이 되지 않는다.

엄마가 된다는 게 어떤 의미인지, 그 묵직한 무게를 어떻게 감당해야 하는 것인지 알지 못했다. 대책도 없이 엄마가 되었다. 엄마가 되고 나

서 너무도 감동스러운데 어찌할 바를 몰라서 몹시 당황했다. 엄마라는
자리는 연습이 없다. 학교에서 배울 수 있는 것도 아니다. 그렇게 엄마
가 되고 전쟁에 비유되는 육아에 직면하게 되었다.

아이를 돌보고 살림하느라 제대로 잠을 잘 수도, 식사를 할 수도 없
었다. 육아와 살림에 온전히 나를 내어주어도 늘 아쉽고 뭔가 부족하게
느껴졌다.

부모님의 권유로 빠른 나이에 결혼을 했다. 중매로 만났고 어른들의
뜻에 따라 정신을 차릴 여력도 없이 결혼식을 치르다보니 남편이 낯설
었다. 서로를 알아가는 시간이 필요했다. 숫기 없고 낯가림이 심한 내
성향 때문에 그 시간들이 생각보다 오래 걸렸다. 양가 부모님이 왜 아
이가 생기지 않느냐고 하실 때마다 둘러대기 바빴다. 남편에게도 미안
했고 어른들에게도 참으로 죄송했다.

그런 시간들에 대한 보상 때문에 아이를 임신하자 좋은 엄마와 훌륭
한 아내에 대한 갈망이 누구보다 컸다. 현모양처가 되고 싶었다. 육아
로 힘든 와중에도 끼니때마다 새로운 반찬과 따뜻한 밥을 해서 남편을
먹였다. 아이에게 일회용 기저귀조차 사용하지 않았다. 매일 면 기저귀
를 정성껏 삶아 볕이 잘 드는 베란다에 바짝 말렸다. 마른 기저귀는 연
약한 아기 피부에 해로울까 봐 손으로 부드럽게 비벼서 채웠다.

남편도 내 마음을 아는지라 시간이 허락하는 대로 도와주려고 애썼

다. 하지만 나는 엄마 고유의 몫이 있다고 생각하며 혼자 해내려고 했다. 아빠가 엄마처럼 섬세하기가 어렵다는 판단에서였다. 아빠는 아이가 울어도 왜 우는지 몰라 허둥댄다. 아이가 옹알이를 하면 어떻게 공감해줘야 하는지도 잘 모른다. 허둥대기는 초보엄마도 마찬가지이긴 하다. 하지만 엄마는 10개월 동안 배 속에 아기를 품고 있었고 출산의 고통을 아기와 함께 나누었다. 아빠보다는 아기와 교감이 훨씬 수월하고 능숙했다.

육아에 있어 아빠의 몫을 존중해주자

하지만 아빠에게는 엄마가 흉내 낼 수 없는 절대적인 아빠의 몫이 있다는 걸 육아를 하면서 알게 되었다. 큰애가 태어나서 몇 개월 지나지 않았을 때였다. 아기에게 감기 증상이 있었다. 엄마라면 다 겪는 상황이지만 아기가 조금만 아파도 엄마는 확대 해석한다. 이런저런 불안한 생각에 사로잡히게 된다.

병원에 가니 아기에게 미열이 있고, 감기 증상 초기라고 했다. 병원에서 처방해준 대로 약을 먹이니 아기가 바로 졸려 했다. 어르고 달래서 재웠다. 문제는 미열이 있는 아기를 옷을 겹겹이 입히고 손발 싸개를 하고 이불까지 덮어 재웠다는 것이다. 추운 날 잠깐 데리고 외출했던 것이 감기의 원인이라고 생각했기 때문이다. 따뜻하게 해줘야 할 것 같았다.

곤하게 자다가 이상한 느낌에 문득 깼는데 옆에 있어야 할 아기가 없었다. 너무 놀랐다. 정신없이 두리번거리는데 아기가 창가에 바짝 붙어 자고 있었다. 아기가 원래 자고 있던 곳과 먼 거리는 아니었지만 신생아나 다름없는 아기에게는 상당한 거리다. 어떻게 거기까지 갔는지 신기했다. 제대로 기지도 못하는데 말이다. 몸을 바닥과 부비면서 발버둥을 치면서 가지 않았을까 싶다. 본능이었을 것이다. 너무 괴로우니 살고 싶었던 것이다. 왜 울지 않았는지가 의문이었다.

울었는데 너무 피곤해서 듣지 못한 것일까? 아기를 만지는데 그제서야 알 수 있었다. 아기는 울음소리를 낼 수가 없었던 것이다. 온몸이 나무토막처럼 딱딱하게 굳어 있었다. 눈은 흰자만 보였고, 입에는 거품을 물고 있었다. 아기가 올라가는 열을 견디지 못하고 급기야 경기를 일으킨 것이다.

나는 발을 동동 구르고 손발을 덜덜 떨었다. 난생처음 접한 상황 앞에 제정신이 아니었다. 허둥대느라 옆에서 자는 남편을 깨울 엄두도 내지 못하고 울부짖었다. 남편이 놀라서 벌떡 일어났다. 놀라서 깬 남편은 바로 평정을 찾더니 너무도 의연하고 침착한 모습으로 아기를 살피고 병원으로 옮겼다.

엄마인 나는 옆에서 어쩔 줄을 모르고 허둥대고 있고 아기는 경기를 일으킨 상태라 남편의 심적 불안이 말이 아니었을 것이다. 하지만 아내와 아기를 지켜야 한다는 생각에 필사적으로 감정의 흔들림을 잡고 있었다. 아빠까지 불안해 어쩔 줄 몰랐다면 신속하게, 제대로, 아기에 대한 응급처지를 할 수 있었을지 의문이다. 아빠 덕분에 아기는 무사히 위기를 넘기고 시간이 좀 걸렸지만 건강한 모습을 되찾을 수 있었다.

'완벽한 엄마'는 환상이고 오만이다

그때부터 나는 완벽한 엄마에 대한 환상과 오만을 포기하기 시작했다. 내가 아이를 뱃속에 10개월이나 품고 있었고 출산의 고통을 함께 나누었다는 이유만으로 아기를 가장 잘 알고 있다고 착각했다. 완벽한 엄마가 되려고 하다 보면 불안감도 그만큼 증가한다는 것도 알게 되었다. 쓸데없는 걱정을 하는 일이 많아지는 것이다.

틈틈이 각종 육아서적을 읽으며 의문점과 아쉬운 점을 하나하나 풀어갔다. 더불어 마음의 여유를 갖기 위해 육아에만 온전히 몰입하고 싶은 마음을 덜어내려 노력했다. 합리적, 객관적, 효율적 시각이 육아에서도 필요하다는 생각을 하게 되었다.

손쉬운 방법 중 하나로 신문을 택했다. 육아와 살림에 전념하느라 세상과 단절되다시피 살고 있었다. 신문은 세상과 사람을 연결해주는 다리가 되어주기에 충분했다. 각종 신문을 읽으며 세상과 소통했고 사회의 변화를 읽어낼 수 있었다. 다른 사람들의 생각과 근황을 접할 수 있었다.

육아가 힘들고 어렵긴 하지만 그에 못지않게

많은 지혜와 행복을 선물해 준다.

나로 하여금 좀 더 나은 사람이 되고 싶게 하고, 무너진 그 자리에서

다시 일어설 수 있는 힘을 주는 게 엄마의 자리다.

이러한 노력들은 완벽한 엄마가 되고 싶은 욕구에서 생기는 불안을 감소시키는 데도 큰 힘이 되었다. 또한 육아를 하면서 겪게 되는 실수들로 인해 추락하는 자존감을 지탱할 수 있게 하는 지지대가 되어 주었다. 마음만 앞서서 나도 모르게 불안한 감정에 빠지거나 육아를 위태롭게 하는 일들을 미연에 방지할 수 있었다. 무엇보다 그러한 시도들은 쾌적한 감정 상태를 유지하는 데도 큰 도움이 되었다. 웃으며, 행복하게 육아에 임하는 시간이 늘어가는 것을 느낄 수 있었다.

엄마가 되면 진짜 어른이 되는 것이라고 옛 선인들이 말했다. 삶의 무게를 지혜로 받아낼 때 어른이 될 수 있기 때문이 아닌가 한다. 육아가 힘들고 어렵긴 하지만 그에 못지않게 많은 지혜와 행복을 선물해준다. 나로 하여금 좀 더 나은 사람이 되고 싶게 하고, 무너진 그 자리에서 다시 일어설 수 있는 힘을 주는 게 엄마의 자리다.

좋은 엄마가 되기 위해서 무엇을 해야 할지 고민이라면 우선 무엇을 덜어낼지부터 생각하자. 완벽한 엄마가 아닌 행복한 엄마가 되기 위해서이다. 행복한 엄마가 좋은 엄마로 가는 시작이자 종점이기 때문이다.

emotion · communication · trust

5장

아이와 엄마 모두
행복으로 이끄는 감정공부!

1. 서툰 감정으로는 널린 행복도 못 본다

"현재를 놓치면 현재의 달콤함은 다시 맛볼 수 없다."

— 에밀리 디킨스

감정을 표출하기보다 먼저 되돌아보라

엄마가 되면서 자신의 이름은 무명이나 다름없어진다. 대신 엄마라는 특별한 다른 이름을 갖게 된다. 엄마라는 이름은 지금과는 달라진 시간, 달라진 삶, 달라진 생각, 달라진 관계 등과 마주해야 한다. 낯설면서도 익숙해져야 하는 달라진 관계들은 말로 다 표현할 수 없는 복잡한 감정의 또 다른 이름이다.

아이를 키우다 보면 내 감정이 무엇인지 따뜻하게 돌아볼 여유도 없이 복잡한 감정에 익숙해져 간다. 내 감정의 오류를 점검할 기회들을 자꾸 놓친다. 다른 무엇보다 이러한 감정들을 돌아보고 따뜻하게 어루만져야 한다. 그래야 아이도 엄마도 행복할 수 있다.

EBS 〈육아학교〉에서는 참을성 없는 부모의 특징을 다음과 같이 들었다

- 약속을 잘 지키지 않는 부모
- 다그치고 야단치는 일이 잦은 부모
- 아이에 대한 기대가 지나친 부모
- 아이의 감정표현을 받아주지 않는 부모
- 뭐든 미리미리 챙겨주는 부모
- 서툰 걸 지켜보지 못하는 부모

과연 엄마가 되어서 위 사항들 중 자유로울 수 있는 항목이 몇 개나 될까? 아이 키우랴 살림하랴 거기다 직장 생활까지 하느라 바쁘다 보면 약속을 지키지 못하는 일이 자주 생긴다. 1분 1초가 귀한데 꾸물거리는 아이를 보면 다그치고 야단치는 부모가 되어 있다.

옆집 아이가 이번 시험에서 100점 맞았다고 하니 우리 아이도 100점 받아오길 바라며 아이에 대한 지나친 기대를 품게 된다. 엄마의 감정도 지치는데 아이의 감정표현을 친절하게 받아줄 여유가 없다. 아이가 못

미덥고 기다리기 답답해 뭐든 미리미리 챙겨주려 한다. 아이를 믿지 못해 서툰 걸 지켜보지 못하는 것이다. 이 모든 현상들은 대한민국 엄마들의 자화상이다.

은지는 역할 수업시간만 되면 적지 않게 흥분한다. 감수성이 예민한 성품을 가진 아이라서 자기 역할에 몰입을 잘한다. 은지가 엄마 역할을 맡게 된 날이다. 은지가 교실 밖으로 나간다. 우리는 모두 의아한 표정으로 지켜보고 있었다. 잠시 후 문을 벌컥 열더니 목소리를 높인다.

"너, 지금 뭐했어? 게임했지?"
"아니야 엄마, 학원 숙제했어."
"숙제한 거 펴봐!"
"……?"
"내봐 보라고. 너 맨날 공부한다고 책상에 앉아서 웹툰이나 보고, 게임이나 할 거야?"
"아니라고요, 숙제할 자료 찾고 있었다고요."
"둘러대지 마! 그렇게 공부 안 하고 나중에 어떻게 이 어려운 세상을 살아가려고 그래?"

은지의 대사 하나하나가 듣고 있는 아이들 가슴에 격하게 와닿았나 보다.

"야, 은지야, 너 우리 엄마랑 똑같아."

"은지야. 우리 엄마가 빙의한 거 같아. 소름 돋았어."

아이들의 말에서 은지의 역할극에 대한 칭찬과 더불어 엄마에 대한 반감이 느껴졌다. 역할극을 하고 나서는 느꼈던 감정을 나누고, '내가 엄마라면 어땠을까?' 등을 주제로 한 토론을 거치면서 아이들은 엄마, 누나, 친구, 동생, 선생님 등이 되어 그 순간으로 들어간다. 그들에 대해 토로하고 공감도 하고 또는 반성하면서 세상을 보는 시각이 한 뼘 성숙한다.

엄마의 감정 통제가 모두의 행복을 부른다

한 생명이 내게 왔을 때 무한 행복과 경이로움을 느낀다. 동시에 두려움과 막막한 감정과도 마주한다. 또한 24시간 나의 손길이 필요한 존재 앞에서 겸손함을 배우게 된다. 아기를 돌보기 위해 밤잠을 설치면서도 방긋방긋 웃는 모습을 보면 피로가 고스란히 녹는다. 나 하나 챙기기에도 급급했던 내가 한 생명의 경이로움 앞에 용감해지고 무한 에너지가 솟는다.

아이가 학교에 입학하던 날을 잊을 수가 없다. 아이 손을 잡고 입학 전부터 학교 탐방을 갔다. 아이와 함께 교실도 둘러보고 화장실도 가보고 운동장에서 놀기도 했다. 아이에게 낯선 환경에 대한 두려움을 덜어주고 적응하기 쉽게 해주기 위한 시도였다.

드디어 아이가 학교에 입학하는 날, 새벽부터 잠을 설쳤다. 예쁜 꽃다발도 준비하고 아빠도 그날은 쉰다. 엄마는 아침부터 입도 몸도 마음도 바쁘다. 안 해도 되는 괜한 당부의 말들이 늘어지고, 옷도 벗겼다 입혔다 하며 난리법석을 떤다. 그런 엄마에 비해 아이는 담백하게 현관문을 나선다.

벌써 운동장은 시끌시끌하다. 형형색색의 깃발이 나부끼고 있어 입학식의 분위기를 한껏 들뜨게 했다. 아이들은 20살이 넘도록 이어질 학문의 전당에 첫 발을 딛고도 그것이 무엇을 의미하는지 모른다. 아이들답게 재미있게 웃고 떠들 뿐이었다. 지금의 이 시작이 어떤 전쟁을 예고하는지 아이들이 알았다면 그렇게 맑고 밝게 웃을 수 있었을까? 아이들의 그 웃음을 평생 지켜줄 수 있는 방법은 없을까 하는 생각을 한참 했던 기억이 난다.

초등학교에 입학시켜 놓으면 엄마들의 머릿속에는 벌써 받아쓰기 시험 점수가 왔다갔다 한다. 아이의 점수에 따라 감정이 '일희일비'한다. 내 아이가 100점을 받아오면 살맛이 나고 엄마는 슈퍼맨이 된다. 엄마의 기대도 바람 가득 불어넣은 풍선처럼 무한 팽창한다. 최고가 되어야 하고 최고로 키우고 싶다.

만약 100점 맞던 아이가 한두 개라도 틀리면 엄마는 불안한 감정에 빠진다. 10개의 문제 중 8~9개를 맞춘 건 안중에도 없다. 오직 하나나

아이와 엄마의 행복은 엄마의 감정을 통제하는 것에서 시작된다.
행복은 멀리 있는 것이 아니다.

 엄마의 행복한 감정공부 완벽한 엄마보다 행복한 엄마가 되라

둘을 틀린 것에만 관심이 있다. 더구나 옆집 아이가 100점 맞았는데 내 아이만 틀렸다면, 그냥 둬서는 안 될 것 같다. 엄마는 아이에게 화를 내고 꾸짖는다. 아이의 억울하고 속상한 감정 따위는 생각조차 하지 않는다. 엄마의 안이함 때문에 천재를 둔재로 만드는 건 아닌지 초조하기 때문이다.

당신은 엄마인가, 감시자인가?

이유남 선생님은 『엄마의 반성문』에서 "나는 부모가 아니라 감시자였다."고 회고한다. 그녀는 학교에서 잘 나가는 교장선생님이었다. 각종 연수에서 1등을 휩쓸었고, 열정과 의욕에 넘쳐 학급을 운영해 학모들의 인정을 받았다. 그런 엄마의 사정권에서 자신의 두 아이가 자유로울 수는 없었다.

"얘들아, 너희 시험지 가지고 와 봐!"

두 아이의 학사 일정을 훤히 꿰고 있는 엄마는 아이들이 시험 본 날에는 시험지를 매의 눈으로 살핀다. 어떤 문제가 나왔는지는 전혀 중요하지 않다. 중요한 것은 오로지 점수였다. 맞은 것은 볼 필요가 없고, 틀린 문제만 확인한다. 그리고 아이에게 쏘아 붙인다.

"야, 너 이거 왜 틀렸어? 뭐하느라 틀렸어? 눈이 어떻게 된 거 아니야? 틀릴 것을 틀려야지!"

엄마의 꾸중에 두 아이는 죄인처럼 "죄송해요."라고 말한다.

어릴 때부터 받아쓰기에서 엄마가 만족하는 점수를 받아오지 못하면 잠도 못 자고 받아쓰기 공부를 해야 했다. 이 아이들은 엄마의 기대대로 전교 임원에 1, 2등을 다투고 모든 상을 휩쓰는 엄마와 학교의 희망이고 자랑거리가 되었다.

하지만 큰아이는 고3, 작은 아이는 고2 되던 때 학교를 자퇴했다. 말대답 한 번 안 하던 아이들이 어느 날부터 말대답을 시작하더니 말끝마다 '에이씨'를 붙이며 반항하고 엄마에게 대항하기 시작했다. 딸이 자살하지 않을까 싶은 기가 막힌 상황이 벌어지자 엄마는 자신을 돌아보기 시작했다.

옆을 보지 못하고 늘 앞만 보고 달려온 시간이 어디서부터, 무엇이 잘못되었는지 알고 싶었던 것이다. 자신의 삶을 진지하게 돌아보기 시작했고, 그렇게 만난 것이 감정코칭이었다. 감정코칭을 받으면서 자신이 얼마나 무지하고 자격 없는 부모였는지를 깨닫게 된 것이다.

아이의 감정과 마음이 행복하면 공부는 걱정하지 않아도 알아서 한다. 아이들 공부만 시키려 하지 말고 엄마가 자신의 감정공부를 먼저해야 하는 필연적인 이유다. 아이와 엄마의 행복은 엄마의 감정을 통제하는 것에서 시작된다. 행복은 멀리 있는 것이 아니다. 전투적으로 쟁

취해야 하는 것도 아니다.

지금 당신의 발밑에 행복들은 널려 있다. 잠시 허리를 굽히는 수고만 한다면 얼마든지 주워담을 수 있다. '엄마'라는 당신의 서툰 감정을 그대로 두지 말고 친절하게 손을 내밀어주어야 한다. 당신이 당신의 아이와 행복해지기 위해서라면 반드시 그렇게 해야 한다.

2. 엄마와의 교감이 아이의 마음을 지킨다

"모든 사람은 천재다.

하지만 물고기를 나무타기 실력으로 평가한다면

물고기는 평생 자신이 형편없다고 믿으며 살아갈 것이다."

– 알버트 아인슈타인

아이의 마음을 지켜주는 단 한 사람이 필요하다

친구 집에서 노느라 정신을 팔다 보면 가끔 깜깜해지는 줄을 몰랐다. 동네 맨 꼭대기에 있던 할머니 집은 오솔길을 5분 정도 걸어 들어가야 했다. 오른쪽에는 동산이 있었고 왼쪽에는 대나무 숲이 있었다. 그 길에는 가로등이 없어서 어린아이가 혼자 가기에는 무서웠다. 사람은 무섭지 않았지만 귀신이 무서웠다.

"할머니~!"

대나무가 끝없이 줄 지어 있는 오솔길을 들어서면서부터 할머니를 부르며 달린다. 나는 엄마보다 할머니를 더 많이 찾고 부르면서 자랐다. 잘 때도 할머니 팔을 베고 그 품에 안겨서 잤다. 부끄러운 일이지만 중학교를 졸업할 때까지 그랬다. 할머니는 그만큼 나에게 따뜻하고 편안한 존재였다. 많은 걸 공감해주고 이해해주셨다. 나는 할머니께서 화를 내시거나 언성을 높이시는 것을 보지 못했다. 언제나 온화하고 따뜻한 목소리로 말씀하셨다. 그렇게 나를 아껴주시던 할머니의 마음은 내 감정의 치유제가 되었다.

할머니는 노안으로 잘 보이지 않는 눈을 하시고도 책과 신문을 보셨다. 안경을 끼시고도 잘 안 보여 손에 돋보기를 들고서 글을 읽으셨다. 그 모습이 내게는 참 인상적이었다. 할머니 표정이 참 행복해 보였기 때문이다. 그런 할머니를 보고 있으면 신기하게 내 마음이 편안하고 안정이 되었다. 아마도 그 순간이 할머니의 감정이 치유되고 평안해지는 시간이 아니었나 한다. 그러한 안정된 할머니의 감정이 나에게 전이된 것이다.

할머니와 나는 여러 가지로 교감이 잘 되었다. 나는 초등학교 1학년 때 아침에 일찍 일어나 어른 흉내를 내고서 등교하는 것을 좋아했다. 빨리 자라고 싶은 어린아이의 욕망이 투영된 행동이었을 것이다.

당시에는 예쁜 모습을 한 종이 인형놀이가 한참 유행이었다. 갖가지

색상과 디자인을 갖춘 옷들도 함께 세트로 구성되어 있어 지루한 줄 모르고 가지고 놀았다. 친구들보다 두 살이나 어린 나이로 학교에 들어가서 놀림과 따돌림을 받을 때 큰 위안이 되었던 것이 인형들과의 소꿉놀이였다. 내가 어른이 된 것 같은 기분을 갖게 해줬기 때문이다. 인형들은 사람의 모습을 닮아 있었지만 나를 놀리지도 괴롭히지도 않았다. 피곤한 학교생활을 끝내고 돌아오면 내 피로를 씻어주고 외로움을 잊게 해줬다.

나는 인형들의 옷을 갈아입히고 아침밥을 해서 먹이고 나서야 등교를 했다. 지금 생각하면 어이없어 웃음만 나온다. 아침밥이라는 것이 풀을 뜯어다 잘게 썰어서 소꿉장난 그릇에 담고 흙을 가져다 밥을 짓는 것이었다. 그렇게 아침상을 차려서 인형들을 밥상 앞에 앉혀놓고서 나는 "밥 맛있게 먹고 잘 놀고 있어! 학교에 갔다가 빨리 올게!"라고 말하고 나갔다.

다른 어른들은 정신 사납다며 나의 행동을 나무랐지만 할머니는 한 번도 꾸중을 하지 않으셨다. 그리고 나의 행동에 장단을 맞춰주고 공감을 해주셨다.

"오늘은 반찬이 뭐야? 아이구, 고기반찬이네. 보라가 아주 좋아하겠다!"

  완벽한 엄마보다 행복한 엄마가 되라

보라는 내가 제일 좋아하는 인형의 이름이었다. 그리고 학교 다녀올 때까지 어른들에게 그걸 치우지 말라고 당부하셨다. 학교 다녀왔을 때 그게 그대로 있으면 그렇게 기분이 좋을 수가 없었다.

모두가 자신을 배척해도 자신의 감정에 대해 공감해주고 이해해주는 사람이 아이 곁에 한 사람만 있어도 그 아이는 잘못되지 않는다고 한다. 그 한 사람과의 교감만으로도 위안을 얻고 자존감을 지킬 수 있는 힘을 얻는 것이다. 그런 단 한 사람이 지금 우리 아이 곁에 있는지 한 번쯤 생각해보자. 엄마인 나라도 아이에게 그런 부모가 되어주고 있는지 말이다.

자식 농사 잘 짓는 엄마의 지혜는 무엇일까?

세계적인 음악가 정트리오를 기억하는 사람들이 많을 것이다. 정트리오는 어머니가 없었다면 탄생하기 어려웠다고 한다. 대중들은 정트리오의 어머니 이원숙 씨가 아이들을 모질게 연습시키고 몰아붙였을 것이라고 오해한다. 그러지 않고서는 한 가정 안에서 5명이나 세계적인 음악가가 되기 어려웠을 것이라는 선입견을 갖기 때문이다. 하지만 정트리오의 어머니 이원숙 씨는 그렇지 않았다.

정경화가 세계적인 바이올리니스트로 인정받기 시작하던 때였다. 런던 시내 식당에서 밥을 먹다가 정경화가 엉엉 울음을 터트렸다.

"엄마, 너무 힘들어요. 바이올린 그만두고 싶어요. 나 이제 더 이상 못하겠어요."

정경화는 당시 세계적인 바이올리니스트로 이름을 날리기 시작할 때라 엄마의 입장에서 적지 않은 충격을 받았을 것이다. '여기서, 이제 와서 그만두면 어쩌자는 거냐?'는 말이 나올 법도 했다. 하지만 정경화의 어머니는 달랐다.

"사람이 먼저지, 바이올린이 먼저냐? 너를 위해 바이올린을 해야지. 바이올린을 위해 바이올린을 해서야 되겠니? 그래, 지금 당장 그만두자꾸나. 우리가 소원했던 대로 한국인의 재능을 세계에 떨칠 수 있었으니 됐다. 엄마는 네가 정말 자랑스럽고 기특하다. 너는 잘 해냈고 넘치도록 이룬 거야. 다음 일은 다음 아이들에게 맡기자."

이렇게 공감과 격려의 말을 건넸다. 정경화는 일생에서 이때 가장 큰 위로를 받았다고 한다. 이들의 오늘이 있기까지 어머니의 역할은 절대적이었다. 그 절대적이란 의미는 정트리오 어머니의 자녀 양육에 대한 지혜를 표현하는 말이다. 자녀의 의견을 존중하고 기다려줬다. 자녀들의 열망과 특성을 살릴 수 있는 방법과 길을 함께 고민했다. 그리고 특성과 열망을 실현시키고 살리는 일이라면 무엇이든 할 수 있다는 소신과 신념을 보여줬다.

"사람이 먼저지, 바이올린이 먼저냐?
너를 위해 바이올린을 해야지.
바이올린을 위해 바이올린을 해서야 되겠니?"

세계적인 지휘자 정명훈의 이야기를 들어보면 정트리오의 어머니 이원숙 씨의 자녀 교육에 대한 소신과 철학을 엿볼 수 있다.

"어머니의 교육 방법에는 세 가지의 원칙이 있었습니다. 먼저 저희에게 맞는 것을 찾아주셨습니다. 그런 다음 저희가 그것을 좋아하고 스스로 하겠다고 결정할 때까지 기다려주셨습니다. 마지막으로 저희가 결심을 하면 그제서야 그것을 공부하고 배울 수 있는 가장 효과적이고 효율적인 방법을 찾아내 지원해주셨습니다."

정트리오의 어머니는 자녀들을 키우면서 아이들에게 자신의 욕심을 강요하지 않았고 아이들과 교감하려고 노력했다. 다그치는 대신 공감과 이해를 통해 자신이 가진 재능을 스스로 찾아갈 수 있게 도왔다. 그리고 그러한 재능들을 마음껏 꽃피울 수 있게 도와주는 조력자의 역할에 최선을 다했을 뿐이라고 한다.

아이를 키우는 일을 농사에 비유한다. 그래서 아이들이 잘 자라면 '자식 농사' 잘 지었다는 표현을 하게 된다. 농작물에는 제 나름의 특성이 있고 성장 시기가 있다. 특성과 성장 시기에 맞게 거름을 주고 가지를 골라주어야 한다.

많은 수확물을 거두고 싶다는 성급함이 앞서 무리하게 거름을 주거나 가지를 쳐낸다면 제대로 열매를 맺지 못할 뿐만 아니라 고사할 수 있다. 좋은 부모가 된다는 것은 자녀와 교감을 잘한다는 것과 일맥상통한다. 하루 동안 아이들이 느끼는 감정의 40퍼센트만 공감해줘도 아이들은 건강하게 자란다고 한다. 아이의 감정을 존중하고 공감하는 것에 대한 수고를 그냥 지나치지 말아야 한다.

엄마가 함부로 살 수 없는 이유

할머니는 새벽 4시면 일어나셔서 정갈하게 씻으시고 정화수를 떠다가 장독대에 올려놓고 한참을 기도하셨다. 살을 에는 듯 찬바람이 부는 겨울에도 하루도 거르지 않으셨다.

그 기도에서 빠지지 않는 것이 나에 대한 기도였다. 부스스 잠에서 깨어서 할머니의 뒷모습을 보고 있으면 신비한 기운 같은 게 할머니 주위를 감도는 느낌이 들 때가 있었다. 나의 착각이었을 것이다. 새벽의 여명과 안개, 그리고 할머니의 숭고한 기도가 만들어 낸 환상이 아니었을까 한다.

할머니가 정성스럽게 기도하시던 뒷모습은 멀리서 빛나는 등대의 모습과도 흡사했다. 손녀딸을 위해 등대를 밝히듯, 간절한 기도로 새벽을 밝히셨다. 그후 그런 할머니의 뒷모습을 생각하면서 나는 쉽게 삶을 포기하거나 좌절할 수 없었고, 함부로 살 수도 없었다.

3. 엄마의 공감이 아이의 자존감을 높인다

"아이는 관리되어야 하는 존재가 아니라

부모의 기쁨이어야 하고 소중하게 여겨져야 하는 존재다."

– 대니얼 J. 시걸

무조건 수용도, 강압도 자존감 형성에 나쁘다

아이의 자존감은 엄마 하기 나름이다. 자존감이란, '자신을 존중하고 사랑하는 마음'을 뜻한다. 자존감이 높은 사람들은 자신을 긍정적으로 바라볼 수 있고 자신의 능력에 대한 믿음이 크다. 이러한 자존감은 아이가 저절로 터득하게 되는 것이 아니라 엄마의 영향이 절대적이다.

생후 1년이 되면 아이들의 호기심이 폭발적으로 증가한다. 이것저것 궁금한 것도 많고 알고 싶은 것도 많다. 엄마의 화장품을 만지작거리다 엉망으로 만들어놓고, 옷장 서랍을 열어 옷가지들을 전부 꺼내놓고, 전화기를 장난감처럼 가지고 놀다가 망가뜨리고 어지르는 게 일이다.

우리 아이가 어렸을 때의 일이다. 나는 아이들이 어질러놓는 걸 따라다니며 치웠다. 그러다 보니 심신이 너무나 피로했다. 힘들어하는 나를 보다 못한 남편이 한참을 진지하게 조언했다.

"아이들은 어질러놓는 게 노는 거야. 아이들은 노는 게 일인데 그걸 못하게 막으면 어떻게 해? 그건 아이들 본성이야. 편안하게 놀게 두는 게 좋지 않겠어? 아이들은 놀면서 창의력도 자라고 사회성도 자란다고 본인이 말해놓고선. 부모는 아이들이 다치지 않게 따뜻한 시선으로 지켜보면 되지 않을까? 엄마가 너무 간섭하면 아이의 자존감이 떨어져. 스스로 하고 싶은 걸 해보게 그냥 놔두는 느긋함이 필요해. 아이를 키울 때는 집안이 어질러져 있는 게 건강한 육아 환경이야!"

그때 나는 남편의 말에 공감하는 바가 많았다. 아이가 마음껏 놀고 나면 한꺼번에 몰아서 치우기로 청소 전략을 바꿨다. 발디딜 틈이 없는 집안을 보면서도 긍정적인 감정으로 대하자고 생각을 바꾸니 마음에 여유가 생겼다.

그런데 그 허용 범위가 지나쳐 점점 선을 넘어서고 있다는 것을 어느 순간 깨달았다. 예를 들면 아이가 친구와 함께 화장실에서 물을 퍼다가 거실을 온통 물바다로 만들어도 통제하지 않았다.

 엄마의 행복한 감정공부 완벽한 엄마보다 행복한 엄마가 되라

'잘 논다. 마음껏 행복하게 놀아라. 마음껏 놀면서 창의력도 키우고 사회성도 키우거라.'

자칫하면 아랫집으로 물이 흘러 내려가거나 소음으로 피해를 줄 수도 있고, 아이들이 미끄러져 다칠 수도 있었다. 책과 소파가 물에 젖어 많이 상하기도 했다. 이런 경우에는 행동에도 제약이 따를 수 있음을 알려줘야 한다. 그래야 아이가 밖에서 친구들과 어울려 놀거나 학교에 입학해 사회생활을 할 때 타인에 대한 공감 능력이 생긴다. 그렇다고 강압적으로 아이를 통제하라는 얘기는 아니다.

엄마가 원하는 목표대로 아이를 성정시키겠다는 목적을 가지는 분들이 있다. 엄마의 의도대로 하려는 강압적인 태도는 지나치게 허용하는 태도 못지않게 자존감 형성에 치명적이다. "이렇게 하란 말이야!"가 아니고 왜 그렇게 해야 되는지를 차근차근 설명해주어야 한다. 그런 다음 어떻게 하면 좋을지 아이와 함께 이야기하는 것이다. 아이라고 무시하면 안 된다. 엄마가 부드러우면서도 명료하게 말해주면 아이들도 말귀를 알아듣는다.

아이의 기를 살려서 자존감을 높여줄 수 있다면 무조건 허용해주고 싶은 게 엄마의 마음이다. 생활은 윤택해지고 아이를 하나 아니면 둘만 낳다 보니 이런 현상은 더하면 더했지 덜하지는 않다. 기를 살려 준다

는 명목으로 아이가 원하는 바를 무조건 실현하게 해주거나 과도하게
칭찬해주는 양육 태도는 아이의 자존감 형성에 부정적인 영향을 끼친
다. 비현실적인 자아상을 키워주기 때문이다.

자존감과 공감 능력은 연결되어 있다

수업내용 중에 "표정을 보고 이야기해봐요"라는 챕터가 있다. 교재에
는 야구 선수의 찡그린 표정, 엄마의 화난 얼굴, 친구의 웃는 얼굴 등
여러 가지 표정의 사진이 등장한다. 사진들을 보면서 왜 저런 표정을
짓고 있을까 상상하면서 생각해보고 의견을 말하는 수업이다.

이때 의견이 둘로 나뉜다. 보이는 표정만 단편적으로 얘기하는 아이
들과 감정을 공감하며 얘기하는 아이들이다.

예를 들면 이런 식이다. 공감을 잘하지 못하는 아이들은 찡그린 표정
의 야구 선수 사진을 보거나, 엄마의 표정을 보고 이렇게 말한다.

"야구에서 져서 화가 났어요!"
"엄마가 컴퓨터 게임을 많이 한다고 화가 났어요!"

반면 감정을 잘 공감하는 아이들은 야구 선수 사진을 보거나 엄마의
화난 얼굴 사진을 보고 다음과 같이 표현한다.

남의 감정에 공감을 잘하는 이런 아이들은
자존감이 높은 아이들이다.
스스로를 존중하는 아이들이 남의 감정을 들여다보는 능력 또한 뛰어나다.

“그동안 열심히 연습했는데, 실력 발휘를 제대로 하지 못해 속상해하고 있어요!”

“아이가 아파서 병원에 갔는데 환자가 많고, 차례를 지키지 않아 마음이 아파서 화가 났어요.”

남의 감정에 공감을 잘하는 이런 아이들은 자존감이 높은 아이들이다. 스스로를 존중하는 아이들이 남의 감정을 들여다보는 능력 또한 뛰어나다.

자신에 대한 믿음이 자존감이다

그렇다면 이러한 자존감은 어떻게 형성되는 걸까?

자존감에도 단계가 있다고 한다.

〈한겨레신문〉 2014년 9월 1일자에 실린 “부모와 자녀의 자존감 ‘비례공식’아시나요”라는 기사를 통해 이를 알 수 있다.

“경인교대 지식자원개발센터에서 자존감 향상 연수를 진행하는 남서울대 부설 한국행동분석연구소장 김은실 교수는 ‘자존감은 자아, 1차 자존감, 2차 자존감 등 세 가지로 발달한다.’고 설명했다.

‘자아ego’가 ‘태어날 때부터 누구나 가지고 있는 자기 자신에 대한 의식이나 관념’이라면 1차 자존감은 0~3세 영 · 유아기에 부모와의 관계를 통해 형성되는 핵심 자존감이다. 핵심 자존감은 '타인이 자신을 사랑해줄 것이라는 믿음'과 관련이 깊다. 2차 자존감은 그 뒤 성장 과정에서 형성된다. 각종 성취 경험 등이 쌓이면서 '나는 어떤 일이든 잘할 수 있는 사람'이라는 2차 자존감으로 발달한다.

1, 2차 자존감 둘 다 중요하다. 김 교수는 '1차 자존감에 비해 2차 자존감이 높으면 실패를 극복하기 어렵다.'고 했다. 누구나 한 번쯤 겪는 실패를 딛고 일어설 수 있는 힘은 1차 자존감에서 나온다. 부모와의 애정 관계를 통해 스스로 소중한 사람이라고 느끼는 아이는 시련을 극복할 힘을 얻는다. 반대로 1차 자존감이 잘 형성되어 있더라도 2차 자존감을 발전시킬 기회를 만나지 못했다면 1차 자존감도 흔들린다. 김 교수는 '부모나 주변 사람들이 자신을 아무리 사랑해줘도 왜 늘 실패만 하는 나한테 애정을 주는 걸까?'라고 타인의 애정에 의심을 품는다.'고 설명했다.

청소년 자녀가 있는 부모가 1차 자존감에 관심을 기울여야 하는 이유는 영·유아기가 지났어도 핵심1차 자존감을 채울 수 있기 때문이다. 전문가들이 부모와 자녀 사이에 따뜻한 대화가 중요하다고 강조하는 것도 끈끈한 신뢰 관계를 바탕으로 형성되는 1차 자존감을 늦게라도 채우는 게 중요한 까닭이다."

아이의 자존감을 키워주기 위해서는 어떻게 해야 할까?

아이가 자신에 대한 믿음을 가질 수 있게 도와줘야 한다. 부모로부터 인정받지 못하고 사랑받지 못한다는 생각을 갖게 된다면 아이는 자신을 의심하고 부정하게 된다. 이러한 아이의 경험은 그대로 자존감이 된다. 부모, 특히 엄마가 자신을 어떻게 대했느냐에 따라 아이는 자신에 대한 관념을 만들어간다. 아이를 대할 때 따뜻하게 미소지어주고 내가 너를 사랑하고 믿고 있다고 표현하자. 아이는 그런 부모의 모습을 보면서 자신을 정의하게 된다.

4. 엄마표 감정코칭이 지혜로운 아이를 만든다

> "사랑에는 한 가지 법칙밖에 없다.
>
> 그것은 사랑하는 사람을 행복하게 만드는 것이다."
>
> — 스탕달

혼을 내더라도 공감이 먼저다

최근 미국과 일본에서는 일선 초등학교에서도 감정에 관한 수업이 많이 이루어지고 있다. 감정에 쉽게 휘둘리지 않는 아이는 지혜롭고 바르게 자란다. 자신의 마음속에서 벌어지는 일들을 알고 그것을 잘 돌보는 일은 성공적인 삶과 행복한 삶으로 가는 지름길이다. 아이가 어떤 상황에 놓이든 지혜롭게 대처할 수 있게 하는 힘은 감정에 달려 있다.

초등학교 6학년 딸을 키우고 있는 엄마의 고민이다.

"초등학교 6학년 딸을 키우고 있습니다. 어릴 때는 착하고 성실한 아이였습니다. 6학년이 되더니 엄마에게 말대꾸를 하고 불손한 행동을 자주 합니다. '이 아이가 내 딸이 맞아?' 할 정도입니다. 숙제를 하다가도 엄마가 좀 보자고 하면 버럭 짜증을 냅니다. 어려운 상황을 만나면 금방 포기해버리기에 몇 마디 했더니 심하게 화를 냅니다. 무조건 엄마 말은 옳지 않다면서 들으려 하지 않고 고집을 피웁니다. 아이의 모습을 보면 화를 안 낼 수가 없습니다. 그러다 보니 딸과의 관계가 점점 나빠지고 있습니다. 얼마 전에는 딸의 버릇 없는 행동에 그만 감정이 폭발해서 심하게 체벌까지 했습니다."

아이들이 고학년으로 올라가면서 자아 형성에 가속도가 붙는다. 어릴 때부터 부모와 감정적 교류가 제대로 안 되었던 아이들은 부모에게 반감을 갖게 된다. 아이의 언행들은 그동안 성장하는 과정에서 알게 모르게 엄마의 감정처리 패턴을 습득하면서 형성된다. 충족되지 못한 욕구를 표출하는 방식이 된 것이다. 부모는 자녀들을 지배하려 하거나 엄격하기만 해서는 곤란하다. 아이의 감정을 최대한 공감하고 존중해줘야 한다. 그것이 왜 잘못된 행동인지 충분히 설명해주고 다음에 똑같은 잘못을 저지르지 않도록 하는 것이 중요하다.

엄마는 아이가 관계 맺는 첫 상호작용자이다

영국의 철학자이며 감정전문가인 로먼 크리즈나릭은 이렇게 말했다.

"공감이란 인간성의 정수이자 인간관계의 핵심이다."

자녀 양육에 있어 '공감 육아'가 키워드로 등장하는 이유다. 아이와의 공감이 중요하다는 것은 대부분의 엄마들이 알고 있다. 하지만 아이를 키우다 보면 욱하는 일이 자주 발생하는 것이 문제다.

요즘은 대로변은 물로 골목까지 커피 전문점들이 들어서 있다. 커피 전문점에서 가서 음료를 주문하면 진동 벨을 준다. 주문하고 자리에 앉아 일을 보다가 진동 벨이 울리면 받아온다. 그런데 유독 스타벅스에는 진동 벨이 없다. 스타벅스의 CEO 하워드 슐츠의 경영철학 때문이다. 효율성과 편의성 대신 고객과의 자연스러운 소통에 가치와 의미를 뒀기 때문이다. 고객과 눈 마주침의 기회를 확대하고, 자신이 선택하지 않은 다른 메뉴에 대한 관심을 가질 기회를 늘리기 위해서이다.

그런데 이런 이야기가 기업에만 해당되는 것일까?
"엄마, 제가 10분 후에 할 말이 있어요."

아이를 키울 때 이렇게 진동 벨처럼 얘기할 시간을 정해놓고 하는 아이는 없다. 예고가 없다. 청소를 하다가도, 전화를 받고 있을 때도, 설거지를 하고 있을 때도 불쑥불쑥 말을 걸어온다. 그러면 눈으로는 다른 곳을 보고 건성으로 듣거나 이유를 설명하지 않고 간단하게 주장만 전달하게 되는 경우가 많다. 이렇게 되면 아이와의 감정코칭은 점점 어려워진다.

아이가 이 세상에 태어나서 감정관리를 가장 먼저 배우는 대상이 엄마다. 아이는 엄마와의 상호작용을 통해 다른 사람과의 감정 관계 맺는 방법을 배우게 된다. 아이가 힘들 때 아이들은 자기의 어려운 이야기를 할 수 있어야 한다. 부모는 그걸 들어주고 아이의 감정에 공감해줘야 한다.

부모의 감정코칭이 지혜로운 아이를 만드는 사랑의 기적이 된다

다음은 한 방송의 다큐 프로에 등장한 감정에 존중받는 아이가 어떻게 달라지는지 여실히 보여준 사례이다.

5살 아들 지훈이와 3살 딸 이수를 키우고 있는 엄마는 극단적인 생각을 한다.

'집을 나가버리고 싶다! 왜 내가 아이를 낳았을까? 낳지 말 걸!'

지훈이는 동생이 생긴 후로 사사건건 트집을 잡고 수시로 엄마의 애정을 확인하려고 한다.

아이가 힘들 때 아이들은 자기의 어려운 이야기를 할 수 있어야 한다.
부모는 그걸 들어주고 아이의 감정에 공감해줘야 한다.

"엄마는 잔소리쟁이!"
"엄마는 날 싫어해!"

지훈이의 주된 레퍼토리다. 지훈이는 한 번 화가 나면 좀처럼 풀 줄 모른다. 결국에는 그 화가 동생에게 향한다. 동생을 본 아이들이 시샘을 한다지만 지훈이는 시샘의 정도가 도를 넘어섰다. 엄마에게 꾸중을 듣고 나면 동생에게 가서 소리를 지르고 목을 조르기까지 한다.

지훈이가 텔레비전이 안 나온다고 엄마를 잡아끈다. 이웃 아줌마와 얘기하던 엄마는 그런 지훈이를 귀찮아한다. 그러다 엄마도 아이도 서로에게 작은 손찌검을 하기 시작하고, 엄마에게 덤비던 지훈이는 결국 울음을 터트렸다.

"뚝 안 해? 이리 와. 나오라 그랬어."
"엄마 싫어!"
"나도 너 싫어, 똑바로 앉아."
"엄마 싫어!"

이웃이 찾아왔음에도 불구하고 마치 늘 있는 일처럼 엄마는 지훈이를 야단친다. 그렇게 하루를 보내고 나서 자는 아이를 보면 지훈이 엄마는 미안하고 마음이 아프다고 한다. 하지만 다음날이 되면 똑같은 일상이 반복된다.

　그로부터 두 달 후 쯤 지훈이네 집에는 기적이 찾아왔다. 지훈이 엄마와 아빠는 전문가에게 감정코칭을 받았고 배운 대로 지훈이에게 실천한 것이다.

　지훈이가 "엄마, 나 지금 피곤해서 나가기 싫어!" 하면 "그래, 피곤해? 그럼 좀 쉬었다 나갈까?" 하면서 아이의 감정을 공감해줬다.
　틈만 나면 동생과 싸우던 지훈이는 어떻게 되었을까? 엄마가 잠시 외출한 사이 동생 이수가 사과를 먹고 싶다고 떼를 쓰며 울기 시작한다.

"이수야, 사과가 많이 먹고 싶구나."

놀랍게도 지훈이가 동생에게 감정코칭을 하고 있었다. 동생의 감정을 읽어주고 냉장고에서 사과를 꺼내서 씻은 다음 동생에게 먹인다.
　오빠의 괴롭힘에 매일 울던 동생 이수도 오빠의 친절한 표정에 얼굴이 환해진다. 지훈이가 사과를 맛있게 먹는 동생에게 "그렇게 맛있어? 최고야 해야지."라고 하자, 3살 이수의 입에서 "고마워."라는 말이 절로 나온다. 그에 화답하듯 지훈이는 "뭘 그걸 갖고서!"라며 어른처럼 말을 하는 장면은 웃음을 터트리게 한다.

지훈이가 감정코칭을 받지 않았다면 어땠을까? 우는 동생에게 여전히 소리 지르고 밀치고 때리는 등 분노를 표출했을 것이다. 엄마가 아이 둘만 놔두고 외출하는 일은 상상도 할 수 없었을 것이다. 감정코칭을 한 부모를 따라 아이도 감정코칭하는 지혜로운 아이가 된 것이다. 부모의 감정코칭이 지혜로운 아이를 만드는 사랑의 기적이 된 것이다.

 **인생의 지혜 한 줄**

사실 아빠나 엄마 어느 한쪽의 육아만 강조되는 것은 옳지 않다. 아빠의 육아와 엄마의 육아는 서로 다른 특성이 있기 때문에 상호 보완해 주는 의미로 작용해야 한다. 예를 들어 아빠의 경우에는 밖에 나가서 야외 활동을 많이 해 왔기 때문에 자연스럽게 몸으로 하는 활동에 강점을 보인다. 그리고 엄마는 세심하게 아이를 관찰하고 양육하는 일에 뛰어나기 때문에 아이의 감정을 잘 읽어줄 수 있다. 그래서 아빠에게서는 공간 감각력이나 기억력, 상황 대처 능력을 자연스럽게 배울 수 있고, 엄마에게서는 언어 능력과 감정 반응 능력을 배울 수 있다. 아빠와 엄마가 같이 육아에 자연스럽게 참여하면 아이는 부모의 고른 관심과 지지 속에서 더욱 잘 자랄 수 있게 되는 것이다.

— EBS 60분 부모 제작팀, 『EBS 60분 부모』

5. 아이의 감정조절력은 엄마를 닮는다

— 제임스 오웰

아이의 인생을 바꾸는 힘은 감정코칭에 있다

대부분의 엄마들이 아이의 미래를 밝고 희망적으로 바꾸고 싶어 한다. 내 아이가 잘 되고 행복하길 바라는 마음에서 출발한 마음은 아이들을 사교육 시장으로 내몰고 각종 스펙에 몰두하게 한다. 하지만 정작 아이의 인생을 바꾸는 힘은 감정코칭에 있다.

원하는 것을 손쉽게 얻을 수 있는 현대사회에 가장 필요한 감정능력 가운데 하나가 바로 '자기 조절력'이다. '자기 조절력'이란 말 그대로 어떤 것을 성취하기 위해 자신의 욕구를 조절할 수 있는 능력을 의미한다. '무엇을 해야 하고, 무엇을 하지 말아야 할지'를 스스로 인지하고 결정할 수 있게 하는 능력이다.

그런데 문제는 아이들이 생각과 행동을 통제하는 능력을 점점 상실해 가고 있다는 사실이다. 간혹, 마트에서 갖고 싶은 물건을 안 사준다고 바닥에 뒹굴고 떼를 쓰는 아이, 음식점이나 공공장소에서 천방지축 뛰어다니거나 소리를 질러 주변 사람들의 눈살을 찌푸리게 하는 아이들까지, 모두 감정조절과 통제가 되지 않는 아이들이다.

이처럼 자기가 하고 싶은 대로만 하는 아이, 참을성이 없는 아이들을 살펴보면 공통점이 발견된다. 부모의 양육 태도가 너무 강압적이거나 반대로 과도하게 허용하거나 혹은 방임했다는 점이다. 지나치게 엄격한 '억압형 부모'는 아이의 감정을 이해하고 받아들이는 상호작용이 부족해 아이가 분노가 가득하고 공격적이게 만든다. 부모가 지시할 때나 혼낼 때는 아이가 당장 어떤 행동을 멈추는 것 같아도 부모가 없는 곳에서는 '브레이크 없는' 자동차처럼 감정을 조절하지 못한다.

그에 반해 아이에게 잘해주지 못했다는 미안함을 가지고 있거나 혹은 양육에 대한 지식이 부족해 사랑만 주려는 부모들은 너무나도 허용적인 양육 태도를 지닌다. 이런 부모는 웬만하면 아이가 원하는 것을 들어주려고 노력한다. 얼핏 보기에는 아이의 마음을 받아들이고 인정해 주는 마음 넓은 엄마라고 생각할 수 있지만, 이는 아이의 자기 조절력을 떨어뜨리는 원인이 된다. 부모가 뭐든지 받아주게 되면 아이는 참고 견디는 연습을 하지 못하며 심지어는 자기의 감정을 참아야 할 필요성마저도 느끼지 못하게 된다. 이로 인해 아이는 감정을 통제하는 능력을 상실하게 된다.

과도하게 허용적인 부모와 마찬가지로 '방임형 부모'의 자녀들 역시 감정의 한계를 정하고 선을 넘지 않도록 연습한 경험이 없어 감정 통제가 잘 되지 않는다. 너무 허용적이거나 방임형 부모 아래에서 자란 자녀들은 감정조절이 어려워 힘들어한다. 그렇다면 아이에게 자기 조절력을 길러주기 위해서는 어떤 노력을 해야 할까?

세상을 훌륭하게 헤쳐나갈 수 있도록 하는 힘은 자기 조절력이다

자기 조절력을 길러주기 위한 노력의 첫 번째는 '아이에게 안정감 심어주기'이다. 뇌 발달 이론의 권위자인 미국 UCLA의 정신의학과 앨런 쇼어 교수는 충동적이거나 화를 잘 내지 않는 아이들을 '자기감정을 잘 조절하는 능력'이 발달된 아이들로 진단했다. 그리고 이 같은 자기 조절 능력은 부모의 사랑과 신뢰를 통해 기를 수 있다고 강조했다.

무엇보다 생후 1년 무렵 부모가 아이에게 주는 사랑이 중요하며, 부모와 애착과 신뢰감이 잘 형성된 아이는 공감 능력이 잘 발달해 안정적인 정서를 지닌 아이로 자랄 수 있다고 한다. 감정을 주고받으며 행복감을 느낀 경험이 있는 아이가 다른 사람의 감정도 생각할 줄 알아 자기 감정을 조절할 수 있게 된다는 설명이다.

두 번째 노력은 "안 돼!"라고 말하기를 두려워하지 않는 태도다. 아이가 하나 혹은 둘인 집안이 많은 요즘, 엄마들이 아이를 오냐오냐 키우는 경우가 많다. 하지만 울고 보챌 때 원하는 것을 다 들어주다 보면 아이는 '울면 다 들어주는구나.'라는 인식을 형성한다. 정작 감정통제를 해야 하는 상황 속에서는 감정을 조절하지 못한다. 자신이 원하는 것을 이루는 데에만 급급한 아이로 자랄 수가 있다. 많은 아동 심리 및 행동 전문가들은 아이들의 자기 조절력 발달이 가장 중요한 시기로 3~6세라고 말한다. 이 시기에 자기 조절력을 잘 발달시켜주면 감성과 이성이 조화롭게 발달하는 아이로 성장할 수 있다고 한다.

반면, 이 시기에 자기 조절력을 제대로 키우지 못하면 이후로도 감정 표현과 행동에 문제가 있을 수 있다고 경고한다. 만 3세 이전의 아이는 뇌 발달 과정에서 감정과 욕구를 조절하고 통제하기 어려운 시기이므로 부모가 '버릇을 잡고 말겠어!'라는 생각으로 과도한 훈육을 하는 태도는 바람직하지 않다.

아이는 만 3세 이후 또래 아이들과 관계를 맺고 단체생활을 하면서 사회성을 기르기 시작한다. 따라서 이 시기에는 '되는 것, 안 되는 것'을 알려주면서 지켜야 할 규칙이 있다는 것을 인지시켜주는 것이 중요하다. 조심하거나 하지 말아야 할 것들은 정확한 기준을 정한 뒤에 가르쳐야 한다.

다른 사람을 불편하게 하는 상황에서는 아이의 행동으로 인해 다른 사람의 감정이 어떠한지를 이해할 수 있도록 지도해야 한다. 아이가 세상을 훌륭하게 헤쳐나갈 수 있도록 하는 힘은 다름 아닌 '자기 조절력'이다. 이것은 애정과 훈육의 균형을 지키는 부모의 노력으로 이룰 수 있다는 점을 꼭 기억해야 한다.

아이들에게 '잠시 멈춤'을 '허'해주자

EBS 다큐멘터리 〈공부 못하는 아이〉가 엄마들 사이에 화제다. 총 5부작으로 제작된 이 다큐멘터리는 '공부에 대한 불안과 공포가 아이의 학습능력을 떨어뜨리며 마음이 즐거워야 공부도 잘할 수 있다.'는 내용이 핵심이다. 아이에게 긍정적인 마음을 심어주기 위해서는 무엇보다 아이에 대한 신뢰가 필요하다. 말로만 믿는다고 하는 것은 무의미하다. 결과를 보여줘야만 믿는 것은 진정한 믿음이 아니다. 아이에게 내재된 힘을 믿고 과정을 응원하고 격려해주어야 한다. 아이들은 그에 상응하는 삶을 펼쳐가기 위해 노력할 것이다.

준수는 고등학교 3학년이다. 준수의 부모님들은 감정과 생각을 존중하며 민주적이고 자율적으로 아이들을 양육했다. 어릴 때부터 어떤 일이든 본인 선택에 맡겼고, 책임도 스스로 지게 했다. 준수가 한창 대입

'멈추면 비로소 보이는 것들'이 무엇인지 고민하고 탐색하고 돌아온
준수는 한결 어른스러워졌다.
돌아와서 다시 공부에 열중할 수 있었고 자신이 원하는 대학에 합격했다.

준비에 정신이 없어야 할 시기에 1년 재수를 미리 계획하고 조심스럽게 부모님의 허락을 요청해왔다. 고3 아이를 둔 부모 입장에는 기절할 노릇이다. 준수 부모님은 처음 한동안은 '우리가 아이를 잘못 키웠나?'라는 생각을 했다고 한다.

부모님의 불안한 마음을 눈치챈 준수는 PPT까지 만들어 자신의 계획과 목적을 설명하며 부모님을 설득하고 안심시켰다. 준수의 계획은 방학 동안 아프리카의 수단 등 외국 몇 나라를 돌며 봉사를 하고 다른 문화를 접하고 경험을 쌓고 싶다는 것이었다. 부모님이 아무리 민주적이고 자율을 존중하며 아이들을 키운다지만, 왜? 굳이 고3의 중요한 시기에 그런 무모한 일을 감행하는지 이해하기 어려웠다고 한다.

준수는 공부가 정말 힘들었다고 한다. 한참 슬럼프에 빠져 있었다. 스스로 원해서 하고 싶은 공부를 해왔지만, 고2 시작되고부터 회의감이 몰려왔다고 한다. 고기에 등급 매기듯 성적으로 등급이 정해지고 아이들을 줄 세우는 것에 염증이 생겼다는 것이다. 친구들끼리 경쟁자가 되어 오직 하나의 문제에 목숨을 걸어야 하는 게 짜증이 나고 부담이 되었다고 한다. 목표하는 대학이나 미래의 꿈은 포기하지 않지만 '잠시 멈추면 비로소 보이는 것들'이 무엇인지 보고 싶었다고 했다.

준수의 부모님은 아이의 열정과 생각을 믿어주고 재수를 해도 좋다는 허락을 해줬다. 아이는 원하는 바대로 다른 세계와 사람들을 만나고 돌아왔다. '멈추면 비로소 보이는 것들'이 무엇인지 고민하고 탐색하고 돌아온 준수는 한결 어른스러워졌다. 돌아와서 다시 공부에 열중할 수 있었고 자신이 원하는 대학에 합격했다.

준수가 '회의', '염증', '슬럼프' 등의 낯선 감정과 만났을 때 부모님의 따뜻한 시선과 믿음이 없었다면 준수는 지금 어떤 모습으로 살고 있을까? 감정을 존중받고 이해받은 아이들은 자신의 내면에 자신을 바꾸고 인생을 바꾸는 힘을 스스로 키울 수 있게 된다. 아이의 인생을 바꾸는 힘은 멀리 있는 것이 아니라 가까운 곳에 있다. 준수의 부모님처럼 아이들에게 빨간 신호등 같은 '잠시 멈춤'을 '허'해주면 어떨까? 아이들은 안전하게 자신의 길을 가는 방법을 잠시 멈춘 그 시간에 비로소 볼 수 있지 않을까?

6. 맞춤식 공감이 책임감 있는 아이로 키운다

사람은 감정을 책임질 수 있을 때 삶의 자유가 허락된다

'넘어진 아이를 일으켜 세워주는 엄마는 어떤 엄마일까?'

아이의 마음과 감정을 공감해주려고 노력하는 엄마, 즉 아이에게 연결되어 있다는 느낌을 줄 수 있는 엄마가 아닐까 한다.

사람은 감정을 책임질 수 있을 때 삶의 자유가 허락된다. 감정을 책임질 수 있게 하는 역량이 자존감인데, 자존감을 키우려면 성장기에 자신의 감정에 대해 양육자로부터 공감을 받을 수 있어야 한다. 사람은 공감받지 못할 때 자신이 비루하게 느껴진다. 슬픔, 기쁨, 분노, 억울함 등의 감정들에 정당함을 존중받고 위로받을 때 자신이 가치 있고 삶이 의미 있다고 여기게 된다.

명호와 명준이는 형제이다. 하지만 같은 뱃속에서 나왔고 같은 부모 밑에서 자랐는데도 판이하게 다르다. 형인 명호는 공부를 잘해서 특목고에 당당히 합격하는 등 부모의 기대에 부응하는 착한 아들이었다. 하지만 동생 명준이는 학교 성적은 거의 바닥을 기고 있었다. 거기다 친구들과 어울려 다니며 복싱 선수가 되겠다고 한다. 부모는 그런 둘째가 영 마음에 들지 않는다.

그로 인해 아버지의 편애가 심했다. 형인 명호가 갖고 싶다는 것은 얼마 지나지 않아 형의 수중에 들어와 있었다. 핸드폰도 100만 원이 넘는 최신형으로 갖고 싶다면 사줬고, 태블릿도 신형이 아니라서 인터넷 강의를 보기 불편하다고 하면 다음 날 책상 위에 새 태블릿이 놓여 있었다. 전자제품뿐만이 아니었다. 유명 브랜드의 패딩, 신발, 가방 등에서 음식에 이르기까지 원하는 것은 모두 로켓 배송되어 오듯 큰아이의 품에 안겼다.

하지만 둘째인 명준이는 달랐다. 용돈 한 번 타려면 여러 번 부모를 쫓아다니며 졸라야 했다. 눈치가 보여 갖고 싶은 것, 먹고 싶은 것이 있어도 입 밖으로 내지 않았다. 명준이에게 집은 살얼음판을 걷는 것 같은 불안한 장소였다. 형이 기숙사로 들어가면서 명준이는 부모님의 시선이 자신에게만 쏠리는 것 같았다. 아버지가 집에 있으면 방에서 나오지 않았다.

그날은 방학이라고 친구들과 정신없이 놀다가 늦게 들어왔고 저녁 식사 시간이 지나버렸다. 명준이는 용돈이 떨어져 점심부터 아무것도 먹지 못했다. 집에 들어왔지만, 밥 먹었느냐고 물어보는 사람이 없었다. 서럽고 치사한 마음에 그냥 자려고 했다고 한다. 한참 자라는 나이에 얼마나 배가 고팠겠는가? 잠을 이룰 수가 없었다고 한다.

명준이는 가족들이 잠들기를 기다렸다가 도둑고양이처럼 발꿈치를 들고 살금살금 주방으로 향했다. 가족들이 깰까봐 불도 켜지 못하고 핸드폰 불빛을 이용해 냉장고에서 반찬을 꺼내고 밥솥의 밥을 덜었다. 식탁에서 먹는 것이 불안해 방으로 조심스럽게 들고 들어가고 있었다.

그런데 갑자기 아버지가 거실로 나온 것이다. 명준이는 너무 놀라서 들고 있던 밥과 반찬이 담긴 쟁반을 놓치고 말았다. 아버지는 놀란 명준이의 마음 같은 건 안중에도 없었다.

"나가서 하루 종일 쳐 놀고는 밥을 먹을 생각이 드냐? 식충이도 아니고 밥을 먹으려면 밥값을 할 줄 알아야 사람이지!"

명준이는 아무런 말도 못 하고 깨진 그릇과 음식을 치웠다. 그날 밤새
눈물을 펑펑 쏟았다고 한다.

넘어진 아이를 일으켜 세우는 부모가 되자

명준이가 공부에 흥미를 잃은 데는 이유가 있었다. 명준이는 스스로
공부하는 걸 좋아했다. 자기주도형 학습이 성향에 맞았던 것이다. 하지
만 부모님은 기대하는 성적이 빨리 나오지 않는 것에 불안해했다. 공부
한다고 말하고선 딴짓을 하고 다니는 것은 아닌지 의심하기 시작했다.
독서실에서 공부하고 왔는데도 의심하는 부모님을 보면 기운이 빠지고
가슴이 답답하다고 했다. 그리고 왜 빨리 성적이 제대로 나오지 않느냐
며 학원에 보낼 생각만 하셨다고 한다. 그럴수록 명준이는 더욱 불안했
고 불안은 실수로 이어졌다.

긴장으로 공부한 만큼 성적이 나오지 않았다. 그러던 어느 날 집에 오
니 엄마는 명준이의 손을 잡아끌고 학원으로 향했다. 그곳은 특목고 입
시 전문 학원으로 스파르타식으로 아이들을 공부시키기로 유명한 곳이
었다. 매일 밤 11시, 12시가 되어서 귀가해야 했고 과제도 너무 많아 쉴
틈이 없었다. 학교에서까지 쉬는 시간, 점심시간을 반납하고 과제를 해
도 다 하지 못하는 날이 많았다.

명준이는 선행이 거의 안 되어 있어 레벨이 제일 낮은 반으로 간신히

들어갔다. 부모님은 공부 열심히 해서 하루라도 빨리 상급반으로 올라가길 바랐다. 그래야 목표하는 특목고에 갈 수 있다는 것이 부모님의 생각이었다.

명준이는 공부를 못하는 편이 아니었다. 반에서 늘 상위권 성적을 유지했다. 전교권이나 최상위 성적은 아니었지만, 본인이 하겠다는 의지가 충분했다. 스스로 할 수 있게 존중해줬다면 부모님이 원하는 결과를 만들어냈을 아이였다. 숨 막히는 학원의 시간표에 아이는 좌절했다.

그래도 심성이 여린 아이라서 부모님 뜻을 거역하지 못하고 무던히 참아내려 노력하는 것 같았다. 하지만 학원 책상에만 앉으면 두통이 밀려오고 구토가 올라와 점점 견디기가 어려웠다고 한다. 수업 중에도 여러 번 화장실을 오갔다.

명준이는 학원을 그만두고 본래의 자리로 돌아왔다. 그런데 아버지가 문제였다. 남자가 그 정도도 못 견디고 뛰쳐나오면 군대는 어찌 갈 것이고, 사회생활은 제대로 할 수 있겠냐며 조롱했다. 더욱 견딜 수 없는 것은 엄마의 태도였다. 명준이는 엄마에게만이라도 공감받고 싶었다고 한다. 그러나 엄마는 명준이에게 있어 철저한 방관자였다.

명준이가 아프다고 하면 "편식하니까 체력이 약한 거야."라는 말 한마디가 전부였다. 아이가 끙끙 앓아누우면 그제야 약을 사다주거나 병원에 데리고 갔다. 아버지에게 꾸중을 듣고 있어도 "다 너 잘되라고 그러시는 거야."라고 했다.

부모와 자식의 관계는 '고슴도치의 딜레마' 같은 존재의 관계이다.
고슴도치가 따뜻하게 하려고 서로에게 너무 가까이 접근하면
몸에 있는 바늘 때문에 서로에게 상처를 입힌다.

명준이의 속상한 감정, 답답한 감정, 억울한 감정은 마음속에 켜켜이 쌓여 갔다. 이제는 스스로 하는 자기주도학습도 하기가 버거웠다. 문제집만 펼치면 학원에서와 마찬가지로 두통이 몰려오고 구토가 올라왔다. 결국, 명준이는 공부에서 등을 돌렸다.

그리고 복싱에 빠져들기 시작했다. 마음껏 샌드백을 두드리고 나면 속이 시원하고 날아갈 것 같다고 했다. 그러면서 부모와의 갈등은 더욱 심각해졌다. 그럴수록 명준이도 복싱에 빠져들고 밖으로만 돌았다. 기어이 끝을 봐야 아이의 감정과 고통이 보이는 부모들을 보면 안타깝다.

부모와 자식의 관계는 '고슴도치의 딜레마' 같은 존재의 관계이다. 고슴도치가 따뜻하게 하려고 서로에게 너무 가까이 접근하면 몸에 있는 바늘 때문에 서로에게 상처를 입힌다. 고슴도치는 적당한 거리를 유지하기 위해 가깝게 접근하다가 멀어지기를 반복한다. 그러면서 상처를 주지 않은 적정한 거리를 찾아낸다. 부모로서 아이의 본성을 지켜주고 건강한 심리적 거리를 유지한다면 '넘어진 아이를 일으켜 세워주는 부모'의 역할을 감당하고도 남을 것이다.

특성에 맞게 교육하라는 공자의 가르침

공자는 각 사람마다 성품과 소질이 다르니 각 사람의 성품과 소질에 맞게 교육을 시켜야 한다고 했다. 어느 날, 제자 자로가 공자를 찾아와 물었다.

"좋은 말을 들으면 바로 행동에 옮겨야 합니까?"
"부형이 계시는데 어찌 좋은 말을 들었다고 바로 행하겠느냐?"

이어 또 다른 제자 염유가 똑같이 물었다.

"좋은 말을 들으면 바로 행동에 옮겨야 합니까?"
"좋은 말을 들으면 바로 행하라."

이 일을 보고 있던 제자 공서화가 왜 같은 질문에 대답이 다르냐고 묻자 공자가 대답했다.

"염유는 뒤로 물러서기 때문에 나아가라 했고, 자로는 나서기를 잘해 남의 몫까지 해버리니 물러서게 했다."

子路問 "聞斯行諸?" 子曰 "有父兄在, 如之何其聞斯行之" 冉有問 "聞斯行諸?" 子曰 "聞斯行之." 公西華曰 "由也問 '聞斯行諸?' 子曰 '有父兄在.' 求也問 '聞斯行諸?' 子曰 '聞斯行之.' 赤也惑, 敢問." 子曰 "求也退, 故進之, 由也兼人, 故退之."

제자들의 특성과 성향에 맞게 교육 방법을 달리한 것이다. 이러한 공자의 지혜는 현재를 사는 우리 부모들에게도 여전히 유용하다.

공자孔子 (B.C. 551 ~ B.C. 479) 중국 춘추전국시대 노나라 사상가

엄마의 감정공부가 아이의 인생을 바꾼다

신중하되 겁먹지 말고 감정공부를 시작하라

나의 감정에 대한 검증 없이 어떤 상황이나 사건에 대해 함부로 빼거나 더하려 하지 말자. 내가 아는 것이 전부인 양 판단하는 어리석음을 범해서는 안 된다. 감정에 따라 그가 겪은 사건, 상황, 현상 등이 얼굴을 달리하기에 섣불리 그 정체에 대해 정의내릴 수 없기 때문이다.

그렇다고 해서 지레 겁먹을 필요도 없다. 감정에 대해 공부하면 누구나 자신의 감정을 능동적이고 주체적으로 선택할 수 있다. 타인과의 감정교류 또한 어렵지 않게 실행할 수 있다. 상대방이 왜 화가 났는지, 무엇 때문에 슬퍼하는지, 어떤 이유로 우울해하는지 등 여러 감정에 대해 들여다보기가 쉬워지고 능동적으로 대처할 능력이 생긴다.

마음이 건강한 아이, 안정된 아이, 자존감이 높은 아이!

엄마로 살면서, 학생들을 지도하면서, 그동안 감정 문제로 고통받는 사람들을 수없이 만났다. 예를 들면, 아이의 성적 부진 원인이나 비행의 원인을 다른 곳에서 찾으려 하는 경우다. 학업이 부진하면 아이의 노력이나 학습량이 부족한 것이 이유라고 단정지어버린다. 그러다 보니 학원을 더 보내거나 문제집을 많이 풀리지 못해 안달이다. 그래도 안 되면 인기 있는 학원을 보내기 위해 새끼 과외수준을 맞추기 위해 소수그룹으로 집에서 하는 과외까지 시킨다.

비행을 저지르거나 말썽을 피우는 경우도 마찬가지이다. 함께 어울리는 친구 탓을 하거나 주변의 책임으로 몰아가면서 아이의 문제를 인정하지 않으려 한다. 이런 태도는 문제의 실체를 무시하는 것이고 근본적인 해답에서 멀어지는 것이다.

모든 것은 감정에 기인한 것이다. 아이가 감정을 존중받지 못해 발생한다. 공부를 잘하기 위해서는 동기부여가 핵심이다. 동기부여의 의미는 교육적으로는 학습자의 학습의욕을 불러일으키는 것이고, 심리적 측면에서 자극을 주어 생활체로 하여금 행동하게 만드는 것을 뜻한다. 학습의욕이나 행동하게 만드는 자극은 학원을 여러 곳 보낸다고 해서, 문제집을 많이 풀린다고 해서, 옆집 아이를 탓한다고 해서 생기는 것이 아니다. 마음이 건강할 때, 정서가 안정되어 있을 때, 자존감이 높을 때 가질 수 있는 감정이다. 그렇다면 마음이 건강한 아이, 정서가 안정된 아이, 자존감이 높은 아이로 키우려면 어떻게 해야 할까?

엄마가 바뀌면 아이도 바뀐다!

아이를 달라지게 하고 싶다면, 아이를 바꾸고 싶다면, 엄마의 감정 상태를 먼저 점검하자. 문제 상황이나 위기 상황이 닥치면 아이에게 어떤 메시지를 보내고 있었는지 돌아보라.

아이에게 문제가 발생하면 엄마는 순간적으로 분노의 감정에 휩싸이게 된다. 하지만 이러한 경험이 아이들에게 텍스트로 남는 순간 아이들은 자신의 잘못에 대한 자각이나 반성에서 멀어진다. 대신 중압감과 스트레스를 느끼게 되고, 이러한 부정적인 감정들은 아이들을 막다른 골목으로 몰고 간다. 인식의 경계를 넓히는 대신 무력감, 상실감, 고독감, 근심 등의 감정을 습득하게 되는 것이다.

로마의 시인 호라티우스는 이렇게 말했다.

"분노는 순간적인 광기다. 그러므로 분노를 다스려라. 그렇지 않으면 분노가 너를 지배하리라!"

분노는 순식간에 마음을 장악하고 공간과 시간을 지배하며 모든 가능성을 차단한다. '자제해야지.'라는 생각보다 '화'가 먼저 문을 열어젖히고 뛰쳐나온다. 이러한 엄마 감정은 아이들에게 그대로 전달되고, 청소년기의 아이들이라면 자칫 자신의 방문을 '쾅' 닫고 들어가버릴 가능성이 크다. 물론 그 뒤에 마음도 모두 닫아버릴 것이다.

그렇다고 해서 자신의 '화'에 스스로 놀라 감정은 예측하거나 제어할 수 없는 것이라고 단정짓고 회피하려고 하지 말자. 그런 일이 반복되면 엄마는 자책감에 빠지고 감정을 제어하고 통제하는 힘을 점점 잃어가게 된다.

아이를 키우다 보면 내 뜻대로 되지 않는 일이 비일비재하다. 아이를 제대로 키운다는 것은 아이를 내 입맛에 맞게 요리하는 것과는 다르기 때문이다. 『담화록』의 저자 에픽테토스는 '뜻대로 할 수 있는 일과 할 수 없는 일을 구분하라!'라고 했다. 뜻대로 할 수 없는 것에 매달리지 말고 뜻대로 할 수 있는 나의 감정을 '감정공부'를 통해 되찾자.

감정을 흔들면 원하는 것을 얻을 수 있다는 말이 있다. 이를 역설적으로 표현하면 '감정이 흔들리면 원하는 것을 잃을 수 있다.'라는 말과 일맥상통한다.

우리 아이가 잘 자라주기를 바라는가? 우리 아이가 달라지기를 소망하는가? 그렇다면 엄마가 감정의 주인으로 우뚝 서자. 어쩔 수 없다며 남의 것처럼 저만치 밀어두었던 감정을 향한 두드림을 시작하자. 엄마의 두드림이 아이의 인생을 바꾸는 위대함의 시작이자 아름다운 출발이 될 것이다.